Marco Schmöller **Brandschutz bei Elektrospeichersystemen**

Brandschutz bei Elektrospeichersystemen

Technische und rechtliche Grundlagen
für Planung und Betrieb

mit 27 Abbildungen

Dipl.-Ing. (FH) Marco Schmöller

Prüfingenieur für Brandschutz
Inhaber Ingenieurbüro IBB Schmöller Brandschutz
in Leipzig,
ehem. Gesellschafter Ingenieurbüro Prof. Beilicke GbR
in Leipzig,
beratender Ingenieur bei der Ingenieurkammer
Sachsen-Anhalt,
Referatsleiter und Präsidiumsmitglied vfdb e.V.

RM Rudolf Müller

Bibliografische Information der Deutschen Nationalbibliothek

Die Deutsche Nationalbibliothek verzeichnet diese Publikation in der Deutschen Nationalbibliografie; detaillierte bibliografische Daten sind im Internet über https://www.dnb.de abrufbar.

Maßgebend für das Anwenden von Regelwerken, Richtlinien, Merkblättern, Hinweisen, Verordnungen usw. ist deren Fassung mit dem neuesten Ausgabedatum, die bei der jeweiligen herausgebenden Institution erhältlich ist. Zitate aus Normen, Merkblättern usw. wurden, unabhängig von ihrem Ausgabedatum, in neuer deutscher Rechtschreibung abgedruckt.

Aus Gründen der besseren Lesbarkeit wird teilweise bei Personenbezeichnungen und personenbezogenen Hauptwörtern die männliche Form verwendet. Entsprechende Begriffe gelten im Sinne der Gleichbehandlung grundsätzlich für alle Geschlechter. Die verkürzte Sprachform hat nur redaktionelle Gründe und beinhaltet keine Wertung.

Das vorliegende Werk wurde mit größter Sorgfalt erstellt. Verlag und Autoren können dennoch für die inhaltliche und technische Fehlerfreiheit, Aktualität und Vollständigkeit des Werkes keine Haftung übernehmen.

Wir freuen uns, Ihre Meinung über dieses Fachbuch zu erfahren. Bitte teilen Sie uns Ihre Anregungen, Hinweise oder Fragen per E-Mail mit: fachmedien.architektur@rudolf-mueller.de.

Lektorat: Sandra Nowack, Aachen
Umschlaggestaltung: Satz+Layout Werkstatt Kluth GmbH, Erftstadt
Umschlagfoto: IM Imagery/Shutterstock.com
Satz: WMTP Wendt-Media Text-Processing GmbH, Birkenau
Druck und Bindearbeiten: Westermann Druck Zwickau GmbH, Zwickau
Printed in Germany

ISBN 978-3-481-04772-6 (Buch-Ausgabe, Produktionscharge *001)
ISBN 978-3-481-04773-3 (E-Book-Ausgabe als PDF)
ISBN 978-3-481-04774-0 (Buch und E-Book-Ausgabe als PDF, Produktionscharge *001)

PEFC-zertifiziert
Dieses Produkt stammt aus nachhaltig bewirtschafteten Wäldern, Recycling und kontrollierten Quellen
PEFC
PEFC/04-31-3513
www.pefc.co.uk

Vorwort

Brandschutzvorschriften und damit originär das Bauordnungsrecht (früher: Baupolizeirecht) sind eine vergleichsweise alte Disziplin im Bauwesen. Auch wenn heute häufig der Eindruck entstehen mag, alles sei komplizierter und überreguliert, so sind die wesentlichen Brandschutzvorgaben im aktuellen Bauordnungsrecht zum Teil bereits über 150 Jahre alt.

Seit jeher stehen der Schutz der Menschen und der Schutz vor großem Schadensausmaß – und damit der Nachbarschaftsschutz – im Vordergrund. Ändern sich die gesellschaftlichen Ansprüche und damit einhergehend auch die technischen Belange, muss das Bauordnungsrecht diesen Wandel mittragen und die gesetzlichen Vorgaben entsprechend anpassen.

Im Zusammenhang mit der sog. Energiewende existieren derzeit jedoch nur bruchstückhafte Regelwerke, Normen und vor allem Gesetze. Dies gilt auch für den Umgang mit Batteriespeichersystemen, für die es aktuell weder gesetzliche Vorgaben noch ein Orientierung gebendes Standardwerk gibt. Was hinsichtlich Energiespeichersystemen – seien es stationäre Großsysteme, mobile Anwendungen wie Elektrofahrzeuge oder die Herstellung, Lagerung und der Transport von Batterien – indes vorhanden ist, sind viele Einzelinformationen aus den jeweiligen Perspektiven der Herstellenden, Anwendenden und Forschenden. Das vorliegende Buch möchte hier anknüpfen und einen zusammenfassenden, neutralen Überblick zum Sachverhalt geben.

Basierend auf bauordnungsrechtlichen und brandschutztechnischen Grundlagen werden die für den vorbeugenden und abwehrenden Brandschutz relevanten Informationen zu Planung, Ausführung und Betrieb von Batterien und Elektrospeichersystemen dargestellt. Es wird sich zeigen, dass in einigen Bereichen bereits umfassende Vorgaben existieren, während in anderen noch weitergehende Forschungen und Pionierarbeit zu leisten sind.

Mit Blick auf die praktischen Anwendungsfälle wird das Spektrum von Batterien in verschiedenen Nutzungsbereichen aufgezeigt. Dies betrifft mobile Anwendungen, z. B. in Fahrzeugen oder in der Consumertechnik, wie auch Ladeinfrastruktur, Speicheranlagen oder Herstellung, Lagerung und Transport von Batterien. Dabei werden die spezifischen Herausforderungen für den Brandschutz diskutiert und Lösungsansätze vorgestellt. Ergänzt werden diese durch einige Praxisbeispiele, die die verschiedenen brandschutztechnischen Fragestellungen und Lösungen veranschaulichen.

Nicht zuletzt der Koalitionsvertrag der aktuellen Bundesregierung seit dem Frühjahr 2025 verdeutlicht die zwingende Notwendigkeit, sich mit dem Themenkomplex „Energiespeicherung" zu beschäftigen. Der Spagat zwischen Entscheidungen und Festlegungen, die einerseits einen schnellen Ausbau der Energiespeicherung schaffen und andererseits sichere Gesamtlösungen zum Schutz von Menschenleben, Natur, Umwelt und Sachgütern bieten, gestaltet sich nicht immer einfach und geradlinig. Die Zukunft wird zeigen, inwieweit sich gleichermaßen sichere wie einfache Lösungen etablieren lassen.

Köln, Oktober 2025 Marco Schmöller

Inhalt

1 Einleitung

Deutschland hat sich dafür entschieden, die Energieversorgung im Wesentlichen ohne fossile Brennstoffe wie Kohle, Gas und Erdöl sowie ohne Atomkraft zu sichern. Der Fokus auf sog. Erneuerbare Energien – vornehmlich aus Windkraft, Sonnenenergie, Wasserkraft und Biomasse – bedeutet jedoch auch, direkt abhängig von Witterungsbedingungen bzw., im Fall von Biomasse, Materiallieferungen zu sein. Daher ist das Thema der Energieverteilung und -speicherung gleichermaßen herausfordernd wie die Energieerzeugung selbst.

Technologien der schnellen und effektiven Energiespeicherung sind vor diesem Hintergrund seit mehr als 20 Jahren in hoher Größenordnung auf dem Vormarsch. Die Bedeutung der Energiespeicherung hat in den letzten 5 Jahren so erheblich zugenommen, dass auch die Fragen der brandschutztechnischen Sicherheit immer wichtiger werden. Gleichsam bedeutend sind die Entwicklung der Elektrofahrzeuge sowie das Handling von und mit Batterien im industriellen Großformat.

Der Umgang mit neuen Technologien und die Ver- und Anwendung von Produkten im täglichen Leben erfordern nicht nur beim Entwicklungs- und Herstellungsprozess immer auch einen Blick in Richtung Sicherheit – und

Abb. 1.1: Freiflächen-Photovoltaikanlagen und Windenergieanlagen sind die Basis der Energiewende – zusammen mit Elektrospeicheranlagen entsteht ein sinnvoller Mix. (Foto: © istock.com/Bim)

damit zum Brandschutz. Auch später, in der täglichen Nutzung, muss das Produkt bei der bestimmungsgemäßen Nutzung dauerhaft sicher sein. Vor diesem Hintergrund ist die brandschutztechnische Sicherheit von Großspeichern genauso wichtig wie die Sicherheit von kleinen, sog. Heim- oder Homespeichern im privaten Umfeld. Für beide Hauptanwendungen waren bis vor Kurzem keine oder nur wenige bauordnungsrechtliche, also gesetzliche Vorschriften und Regelwerke vorhanden. Die elektrotechnische und anlagentechnische Sicherheit wiederum war schon immer Bestandteil von Planung und Ausführung, da Herstellende und Errichtende grundsätzlich verpflichtet sind, sichere Produkte zu liefern bzw. aufzustellen.

Das Bauwesen ist seit jeher um Sicherheit bemüht, die mit einer gewissen Dauerhaftigkeit einhergeht. Die brandschutztechnische Sicherheit ist dabei nicht neu, sondern im Grunde genommen omnipräsent, seit der Mensch überhaupt mit Feuer in Berührung kam. In seinem sehr lesenswerten Buch „Die Entdeckung des Feuers" hat Johan Goudsblom den Prozess der Domestizierung des Feuers ausführlich beschrieben und ausgewertet. Noch immer fasziniert der Anblick von Flammen – sei es aufgrund von Angst oder des Wohlgefühls von Wärme usw. Auch heute noch bewerten Menschen mit diesen innersten Urinstinkten subjektiv Gefahrenlagen und Ereignisse.

So schreibt Goudsblom zu Beginn seines Buches:

„*Die Fähigkeit, mit Feuer umzugehen, ist eine universale menschliche Errungenschaft, die wir in allen bekannten Gesellschaften finden. Sie ist in höherem Maße den Menschen vorbehalten als die Sprache oder der Gebrauch von Werkzeugen. Rudimentäre Formen von Sprache und Werkzeuggebrauch kommen auch bei den nichtmenschlichen Primaten und anderen Tieren vor; aber nur die Menschen haben – als Teil ihrer Kultur – gelernt, das Feuer zu kontrollieren.*" (Goudsblom, 1995, S. 11)

Des Weiteren hält er am Ende seines Buches fest:

„*Die […] beschriebenen Entwicklungen hin zu einem zunehmenden Gebrauch des Feuers in einer konzentrierteren Form und unter Bedingungen einer dauernd fortschreitenden Spezialisierung und Organisation haben dazu beigetragen, die Kontrolle des Feuers scheinbar einfacher, tatsächlich aber viel komplexer zu machen. Als ein Ergebnis dieser Entwicklungen wurden im 20. Jahrhundert mehr und größere Feuer als in jedem anderen vorhergehenden Zeitalter verursacht. Menschen haben durch das Feuer mehr Komfort gewonnen und damit mehr Schaden und Leid zugefügt als jemals zuvor. Heute bedarf die Kontrolle des Feuers selbst, mehr denn je, der Kontrolle; damit bleibt das Feuer ein zentrales Problem der menschlichen Zivilisation.*" (Goudsblom, 1995, S. 271)

Obwohl die Anzahl von Bränden stetig sinkt, bieten vermeintlich spektakuläre Brandereignisse immer wieder Grund zu negativer Berichterstattung. Auf der einen Seite ist Sicherheit zweifellos ein menschliches Grundbedürfnis, das zu schützen ist, auf der anderen Seite müssen auch die Einsatzkräfte der Feuerwehr mit solchen neuen, medial erzeugten „Bränden" umgehen. Erstaunlich ist dabei vor allem, dass das staatliche Eingreifen durch Regeln und Gesetze in seiner konkreten Ausprägung nachweislich rückläufig ist, während gleichzeitig das subjektive Empfinden von Überregulierung in der Bevölkerung zunimmt. Werden dann immer weniger oder gar keine Gesetze zu einzelnen Belangen erlassen und die Menschen müssen selbstbestimmt entscheiden, wird der Ruf nach Regulierung umso lauter. Was paradox erscheinen mag, ist indes sicherlich auf sozialpsychologische wie auch gesellschaftspolitische Hintergründe zurückzuführen.

Das vorliegende Fachbuch gibt einen brandschutzrelevanten Gesamtüberblick über die aktuelle Lage in Bezug auf Elektrospeichersysteme sowie die damit verbundenen Herausforderungen und Maßnahmen. Aufgrund der sehr schnellen Änderungen des Marktes hinsichtlich Verfügbarkeit, Technologie und Gesetzesbedingungen stellt es den – soweit verfügbar – aktuellen Stand (Sommer 2025) dar. Zudem erscheint es in einer Zeit, in der viele Klein- und Großforschungsvorhaben zum Thema stattfinden, deren Ergebnisse nur zum Teil Eingang in die Überlegungen finden konnten. Darüber hinaus gibt es aktuell in nahezu allen Gremien, die sich mit dem Brandschutz beschäftigen, Aktivitäten, Untersuchungen und Forschungen zum Thema, sodass in nächster Zeit auch dahingehend neue belastbare Ergebnisse zu erwarten sind.

Hingewiesen sei an dieser Stelle auf folgende Arbeitsgruppen und Gremien, an denen der Verfasser aktiv beteiligt ist:

- vfdb – Verein zur Förderung des Deutschen Brandschutzes e. V. – ad hoc-Arbeitsgruppe „energiespeicher@vfdb“ mit der Plattform Elektroenergiespeicher als (nicht abschließende) Datensammlung
- BVES – Bundesverband Energiespeicher Systeme e. V.: Leitfaden „Vorbeugender und abwehrender Brandschutz bei Lithium-Ionen Großspeichersystemen“, 3. Auflage (erscheint im Herbst 2025)

Da bauordnungsrechtlich-brandschutztechnische Vorgaben seitens der Gesetzgebung lange Zeit nicht existent waren, hat der BVES mit Sitz in Berlin in den Jahren 2019 bis 2021 den Leitfaden „Vorbeugender und abwehrender Brandschutz für Li-Ionen Großspeichersysteme“ unter Mitwirkung der relevanten Stakeholder (Feuerwehrverbände, Versicherungswirtschaft, Berufsgenossenschaften und Herstellerindustrie) erarbeitet und veröffentlicht. Ab Frühjahr 2024 erfolgte eine vollständige Überarbeitung, an der der Verfasser mitgewirkt hat; die 3. Auflage wird im Herbst 2025 erscheinen.

1.1 Batteriespeicher und -aufbau

Zum grundlegenden Verständnis der in diesem Buch erörterten Elektrospeichersysteme erfolgt an dieser Stelle eine kurze Zusammenstellung der wichtigsten Speicherarten und ihres Aufbaus. Einen sehr guten Gesamtüberblick mit Grundlagen über Speicher und Batterien bietet der Sammelband von Tobias Rothacher, Heiko Schwarzburger und Thomas Timke: „Stromspeicher für Gewerbe und Industrie“ (2018), an dem sich die Ausführungen von Kapitel 1.1 und 1.2 orientieren.

Die aktuell wesentlich vertretenen Batteriearten als elektrische Speicher sind:

- Bleibatterien – in verschiedenen Konstellationen mit unterschiedlichen Metallen
- Lithiumbatterien – in verschiedenen Konstellationen mit unterschiedlichen Metallen
- Natrium- und Schwefel-Batterien
- Redox-Flow-Batterien

Die sich derzeit am schnellsten verbreitende Batterieart, vor allem auch im Consumer- und Businessbereich für mobile Anwendungen, sind Lithium-Ionen-Batterien. Neben dem geringeren Gewicht, den schnelleren Ladezeiten und der höheren Lebensdauer liegt ihr Vorteil vor allem in dem hohen Nutzungsgrad ihrer Kapazität, da sie keinen Memory-Effekt haben, sowie in der hohen Energie- und Leistungsdichte. Auch ein weiterer Vorteil gegenüber Bleibatterien ist hervorzuheben:

„Aufgrund ihres geringeren Innenwiderstandes reagieren sie schneller auf Lastanforderungen. Bei hohen Lasten vermindert sich ihre Kapazität nur wenig. Deshalb sind sie vor allem in Versorgungssystemen mit wechselnden Lasten und Erzeugungsprofilen überlegen. Lithiumspeicher werden mit 48 V (Niedervolt) oder mit mehreren Hundert Volt (Hochvoltsysteme) beladen. Je höher die Spannung, desto geringer können die Ströme sein, und desto geringer sind die elektrischen Verluste im System. Die gesamte Ladetechnik befindet sich eingehaust in speziellen Leistungsmodulen, welche die hermetisch abgeschlossenen Batteriemodule mit den sensiblen Lithiumzellen ansteuern." (Schwarzburger, 2018, S. 10)

Hinzu kommt, dass sich *„Lithiumzellen in immer größeren Stückzahlen in vollautomatischen Fabriken herstellen" lassen."* (Schwarzburger, 2018, S. 9)

Die Ausführungen im vorliegenden Buch beziehen sich, sofern nicht anders angegeben, auf Lithium-Ionen-Batteriespeicher.

Aufbau eines Batteriespeichers

Als kleinste Einheit eines Batteriespeichers gilt die Zelle (wobei bereits eine einzelne Zelle als Einzelbatterie dienen kann). Hierbei wird unterschieden zwischen Rundzellen (vgl. Abb. 1.2), prismatischen Hardcase-Zellen (vgl. Abb. 1.3) und Pouch-Zellen (vgl. Abb. 1.4). Diese Einzelzellen werden dann zu Packs oder Modulen zusammengeschaltet (vgl. Abb. 1.5). Bei Rundzellen und bei Hardcase-Zellen ist jede einzelne Zelle von einer festen Umhüllung umgeben. Bei Pouch-Zellen (engl. „pouch" = „Beutel") ist dies nicht der Fall. Vielmehr besteht ein Pouch aus einer flexiblen, flachen Folienumhüllung, wobei mehrere Pouches in einem Gestell bzw. Kasten zu Modulen oder Packs verbunden werden (vgl. Abb. 1.6). Zu beachten ist, dass Pouch-Zellen im Gegensatz zu den beiden anderen Zelltypen keine integrierten Sicherheitsbaugruppen aufweisen.

Abb. 1.2: Beispielansicht von Rundzellen (Foto: © istock.com/Victor Golmer)

Abb. 1.3: Beispielansicht von prismatischen Hardcase-Zellen (Foto: © istock.com/Victor Golmer)

Abb. 1.4: Beispielansicht einer Pouch-Zelle (Foto: © istock.com/Chesky_W)

Abb. 1.5: Rundzellen in einem Modul verbunden (Foto: © istock.com/adventtr)

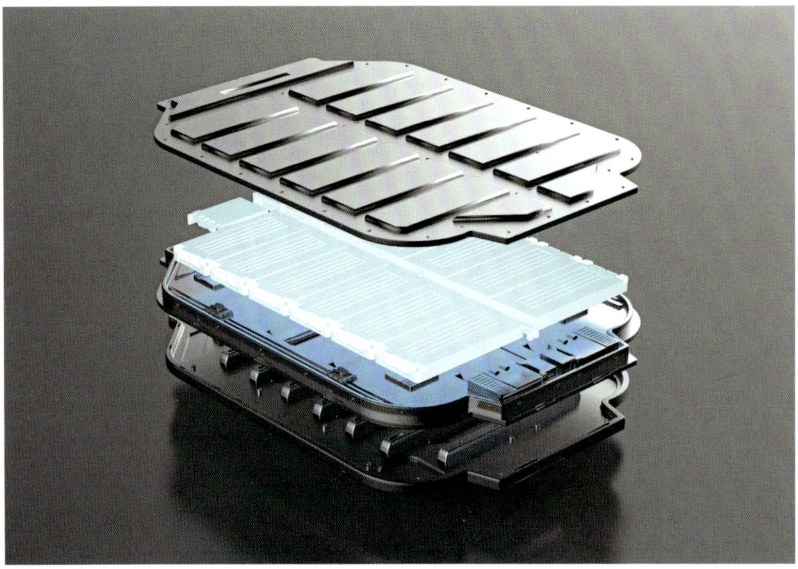

Abb. 1.6: Mehrere Pouch-Zellen, zusammengeschaltet zu einem Modul für eine Fahrzeugantriebsbatterie (Foto: © istock.com/Kittipong Jirasukhanont)

Auf die chemisch-elektrotechnische Reaktion der Batterien soll hier nicht weiter eingegangen werden.

Die vorgenannten Zellen in Packs oder Modulen werden mit den notwendigen Verschaltungen, einschließlich eines computergesteuerten Batteriemanagementsystems (BMS), endfertig in geschlossene Gehäuse mit Anschlussverdrahtung eingebaut. Je nach Gesamtspeichergröße lässt sich entsprechend skalieren, indem mehrere Module zusammengeschaltet bzw. nebeneinander aufgestellt werden.

Abb. 1.7: Beispiel eines Batterie-Energiespeichersystems (BESS), bestehend aus mehreren Racks mit zusammengeschalteten Modulen, in einem Aufstellraum für Batterien (Foto: © istock.com/ETAJOE)

Bei Großspeicheranlagen werden klassischerweise mehrere Module in sog. Racks eingebaut. Je Batteriecontainer werden dann mehrere Racks nebeneinander (ggf. auch übereinander) aufgestellt (vgl. Abb. 1.7). Der Zusammenschluss mehrerer Batterien, i. d. R. als Hochvoltbatterien, zu einem Gesamt-Energiespeicher wird als BESS (Batterie-Energiespeichersystem) bezeichnet.

Hinsichtlich der Unterbringung in freistehenden Anlagen (Batteriecontainer) gibt es mittlerweile herstellerbezogen verschiedene Aufbauten solcher Speichersysteme. Während anfänglich klassische Seecontainer aus Metall verwendet wurden, in denen die inneren Technologien durch Betreten der Anlage erreichbar waren, sind derzeit sog. Cubes auf dem Vormarsch, die nicht mehr betreten werden können und bei denen allein der Zugriff von außen möglich ist (vgl. auch Abb. 1.8 sowie Abb. 3.2 bzw. 4.7).

Diese BESS als Fertiganlagen werden durch den Hersteller im Werk quasi ladefertig an den Verwendungsort geliefert. Vor Ort erfolgt nur noch der Anschluss an das lokale Energienetz. Durch eine solche All-inklusive-Lösung ist eine nahezu unendliche Skalierung möglich. Derzeit entstehen – meistens durch Energieversorgungsunternehmen – sog. Giga-Speicher, bei denen eine Gesamtleistung der Batterien von mehreren Megawatt erreicht wird.

Abb. 1.8: Ansicht eines Batteriespeicherparks – neben den länglichen BESS-Containern stehen Wechselrichtereinheiten (kleine, schrankartige Aufbauten) und Trafoboxen; im Hintergrund befindet sich ein Umspannwerk. (Foto: © istock.com/Young777)

Bei einer besonderen Form von BESS handelt es sich um Anlagen, die mit bereits in Fahrzeugen verwendeten Batterien aufgebaut werden. Diese sog. Second-Life- bzw. Second Use-Batterien werden ebenso in Racks eingebaut und verschaltet. Dabei werden diese Batterien im eigenen Case bzw. Mantel aus dem Fahrzeug entnommen und so in die Regale eingebaut. Im Gegensatz zu direkt aufgebauten, quasi offenen Modulen verfügen solche Batterien also über eine eigene, zusätzliche Sicherheitsumhüllung.

Mit Blick auf die folgenden Kapitel sind an dieser Stelle auch Freianlagen bzw. sog. Greenfield-Anlagen als Energiespeichersysteme zu erwähnen. Bei diesen handelt es sich um Speicherparks mit mehreren BESS, die auf dem freien Feld aufgebaut werden, also unabhängig von anderen Gebäuden. In der Regel dienen solche Speicherparks der Zwischenpufferung elektrischer Energie im Zusammenhang mit der direkten Erzeugung durch Windenergie- oder Photovoltaikanlagen (vgl. Abb. 1.8).

Zu den BESS selbst gehören klassischerweise noch Wechselrichtereinheiten, die Gleichstrom (aus Energieerzeugungsanlagen) in Wechselstrom umwandeln. Außerdem sind betreibereigene Transformatoren (Trafos) am Standort üblich. Diese wandeln die elektrische Energie – je nachdem, ob es sich um einen Auf- oder Entladeprozess handelt – in die jeweilige Leistungsspannung um. Von Netzbetreiberseite werden in den Speicherparks zudem oft Umspannwerke errichtet, um die Energieweiterleitung zu gewährleisten.

1.2 Batteriebrand

Das Wissen über den Brandablauf von Batteriespeichern speist sich in erster Linie aus gezielten Brandversuchen. Dabei wird die große Streubreite sowohl hinsichtlich der Versuchs- als auch der Zell- und Batterieaufbauten deutlich. Viele Versuche wurden – kostenbedingt – zunächst an der kleinsten Einheit, der Zelle, durchgeführt. Es folgten Versuche an Fertig-Akkus, z. B. für E-Bikes oder E-Scooter, und später auch an größeren Modulen bzw. Racks und ganzen Fahrzeugbatterien. Zudem gibt es bereits Versuche an kompletten Fahrzeugen oder sog. Large-Scale-Fire-Tests an gesamten Batteriecontainern.

Zweifelsohne ist das Verständnis des Verbrennungsprozesses von Energiespeichern enorm wichtig, um Sicherheitsmaßnahmen ausbauen und entsprechende Schutzvorgaben entwickeln zu können. Dennoch hat allein ein Brandversuch mit einem 1:1 gemäß Original aufgebauten BESS tatsächliche Aussagekraft. Herstellerspezifisch unterschiedliche innere Schutzkaskaden, wie z. B. Trennbleche innerhalb von Racks oder Modulen, führen bereits zu einer starken Verzögerung bzw. zur Behinderung der Ausbreitung eines inneren Brandes. Des Weiteren kann die Konstruktion des Gehäuses eines Moduls ein weiterer Sicherheitsfaktor beim Brand einer einzelnen Zelle sein, sodass auch hier je nach Versuchs- und Materialaufbau unterschiedliche Ergebnisse erwartbar sind.

Von Bedeutung ist außerdem, dass Brandversuche durchgängig mittels externer Zündquelle oder externer mechanischer Penetration durchgeführt werden. Ein Brandereignis aus interner Zündung lässt sich nicht simulieren bzw. als Versuchsstart erzeugen, da die zugrunde liegenden internen Fehlerquellen naturgemäß nicht werksmäßig „konstruierbar" sind.

Grundsätzlich ist festzuhalten, dass sich der Brand eines Lithium-Ionen-Speichers sehr schnell entwickeln kann, da in der Batterie alle für einen Brand notwendigen Stoffe enthalten sind: Brandlast (Energiemasse) und Zündquelle befinden sich gemeinsam in einem Gehäuse. Zudem ist Sauerstoff bereits im System gebunden, sodass es nicht zwangsläufig externen Sauerstoffs für einen Brand bedarf. Kommt es zu einem Thermal Runaway (thermischen Durchgehen) einer Zelle, kann dies eine Kettenreaktion mit der Folge eines explosionsartigen Abbrennens der Batterie nach sich ziehen. Dabei werden Temperaturen von bis zu 1.400 °C erreicht und es können giftige Gase und Dämpfe freigesetzt werden. Augenmerk gilt dabei auch der Freisetzung von brennbaren Gasen, sogenannten Venting-Gasen, die im Vorfeld des Brandes bei der Zellzerstörung von innen heraus entstehen.

Für weitere theoretische Grundlagen zum Brandablauf bei Batterien sei auf den Fachartikel von Detlef Hoffmann, „Sicherheit von Lithium-Ionen-Batterien: Welche Gefahren gehen von ihnen aus und welches Risiko ist überhaupt vertretbar?" (2015) verwiesen. Hierin sind auch verständliche Grafiken enthalten, die den zeitlich-thermischen Ablauf eines Zellbrandes bzw. aufgrund äußerer Einwirkungen verdeutlichen.

Bei den Brandursachen ist zwischen unsachgemäßer Handhabung oder Beschädigung und bereits fehlerhaften Batterien bzw. Batteriezellen selbst zu unterscheiden. Letzteres ist bezogen auf *„fehlerhafte oder kontaminierte Roh-*

stoffe oder auf Ausfälle, die auf Fehler während der Zellfertigung zurückzuführen sind. Diese liegen im Verantwortungsbereich der Zellhersteller und ihrer Zulieferer, die zusammen einen sehr hohen Aufwand betreiben, fehlerhafte Zellen während der Produktion entweder durch vorbeugende Maßnahmen zu vermeiden oder aber zu identifizieren, auszuschleusen und auf keinen Fall auszuliefern." (Kaiser, 2018, S. 62)

Hinsichtlich der unsachgemäßen Handhabung können mechanische Beschädigungen, z. B. durch Sturz oder Druck, elektrische Fehler, z. B. durch Überladung oder Nutzung falscher Ladegeräte, wie auch Überhitzung von außen oder innen zu einem Brandereignis führen.

Weiterhin lässt sich zwischen externen und internen Brandquellen unterscheiden. Als externe Quellen kommt beispielsweise ein Kurzschluss in der Gesamtverdrahtung innerhalb eines BESS in Betracht. Mit Blick auf E-Fahrzeuge kann eine solche externe Quelle z. B. der Brand des Fahrzeuginterieurs sein. Bei kleineren, mobilen Geräten zählt ein Primärbrand z. B. innerhalb einer Wohnung, der dann auf das mobile Gerät übergreift, zu möglichen externen Quellen.

Bei den internen Quellen sind innere Zellpropagationen dafür verantwortlich, dass eine Batterie zu brennen beginnt. Nach aktuellen Erkenntnissen lassen sich interne Quellen wie folgt zusammenfassen (vgl. Kaiser, 2018):

- Gasbildung infolge von Lithiumplating
- Innerer Kurzschluss durch Dendritenwachstum
- Tiefentladung und Umpolung
- Selbstentzündung durch inneren Kurzschluss

Dabei sind die vorgenannten Punkte auch als Abfolge vom Beginn eines inneren lade- und alterungsbedingten Prozesses bis hin zum Brand zu verstehen.

Lithiumplating, also die Ablagerung von metallischem Lithium, kann während des Ladevorgangs auftreten und kommt vor allem bei Zellen mit Anoden aus Graphit vor. „*Dabei werden Li-Ionen nicht wie gewünscht in die Graphitpartikel eingelagert, sondern ähnlich wie bei einem Galvanisierungsprozess als Metall auf der Oberfläche der Graphitpartikel abgeschieden.*" (Kaiser, 2018, S. 57) Dieser Prozess kann zur vorzeitigen Alterung und zum Kapazitätsverlust führen. Begünstigt wird Lithiumplating durch Laden mit hohen Ladeströmen, bei niedrigen Temperaturen sowie durch Laden bei hohem Ladezustand in Verbindung mit den beiden vorgenannten Faktoren (vgl. Kaiser, 2018, S. 57)

„*Was auch immer Lithiumplating im Einzelnen auslösen mag, es steht stets die Gefahr im Raum, dass sich nicht nur Lithiumschichten auf den Anodenpartikeloberflächen ausbilden, sondern Lithiummetall in Form feiner Nadeln, sogenannter Dendriten, auf den Partikeln aufwächst. Solche Dendriten können mehrere Dutzend Mikrometer groß werden und dabei so weit durch den porösen Separator wachsen, bis sie auf der anderen Seite ein Kathodenpartikel berühren. […] Berührt nun ein solcher Dendrit die Kathode, kommt es zu einem internen Kurzschluss von Minuspol (Anode) und Pluspol (Kathode) […]. Es fließen nun unkontrolliert Elektronen direkt von der Anode über den Dendrit in die Kathode, ohne einen äußeren Stromkreis nehmen zu müssen und ohne dass von außen eingegriffen werden könnte. […]*" (Kaiser, 2018, S. 67)

Wird demnach eine Batterie mit einer defekten Zelle weiterhin be- und entladen, beginnen elektrochemische Prozesse, die im Regelfall irreversibel sind. Durch hieran folgende innere Kurzschlüsse einer Zelle, Tiefentladungen und sog. Umpolung ist – elektrochemisch bedingt – ein inneres Aufheizen der Zelle möglich und hieraus folgend auch ein interner Brand. Durch verbessertes, stabileres Separatorenmaterial innerhalb der Zelle können derartig schnelle Prozesse deutlich verlangsamt oder gänzlich verhindert werden. Für eine tiefergehende Betrachtung der internen Fehlerquellen von Lithium-Ionen-Batterien, auch mit Blick auf die Batteriekonstruktion und das Batteriemanagementsystem, sei hier auf Timke, „Auswahl und Bewertung von Speichersystemen" (2018, Seite 160 f.) verwiesen.

Zur Verbesserung der Batteriesicherheit existieren einige Normen und Grundlagen, die stetig weiterentwickelt und auch regelmäßig dahingehend geprüft werden, ob weitere Verfahren, Tests und Nachweismöglichkeiten herangezogen werden können. Zu benennen ist an dieser Stelle als gesetzliches Grundlagenwerk vor allem die Europäische Batterieverordnung vom 12. Juli 2023. Sie zielt darauf ab, die Nachhaltigkeit, Sicherheit und Recyclingfähigkeit von Batterien in der Europäischen Union zu verbessern.

Alle entsprechenden Untersuchungen und Nachweise sind seitens der Inverkehrbringenden bzw. Herstellenden der Batterien durchführen zu lassen. In jedem Fall setzen Endkunden, sei es privat oder gewerblich, voraus, dass ein ganzheitlich sicheres System erworben wurde.

2 Stakeholder

Bei Energiespeichersystemen ist zu berücksichtigen, dass bereits vor ihrer Errichtung eine Vielzahl Beteiligter zusammenkommt, um diese technischen Anlagen zu realisieren. Um hier einen möglichst umfassenden Überblick über das für Außenstehende mitunter komplex wirkende System an Beteiligten zu geben, wird nachfolgend der Begriff *Stakeholder* verwendet. Diese Stakeholder stellen die verschiedenen Interessengruppen bzw. Beteiligten, z. B. an Genehmigungsverfahren, im Falle eines Brandes usw., dar. Im Folgenden werden die im Bereich der Elektrospeichersysteme relevanten Stakeholder vorgestellt.

2.1 Planungsseite

Planende, seien es Verfassende eines Entwurfs oder eines Brandschutzkonzeptes, befinden sich immer im Spannungsfeld zwischen den Wünschen der Nutzenden bzw. Bauherren und den Anforderungen des Bauordnungsrechts. Die fachlich richtige, genehmigungsfähige Planung ist nicht immer einfach und oftmals ein iterativer Prozess. Dies liegt nicht am (Fach-)Wissen der planenden Personen, sondern an der Vielfalt an Anforderungen, Gesetzen, Regelungen usw., die sich im ungünstigsten Fall auch widersprechen.

In Bezug auf Energiespeicheranlagen mit (derzeit) wenig bis keinen Regelungen wird es besonders herausfordernd, wenn den Planenden von der Genehmigungsseite – teils aus Sorge, teils aus Unwissenheit – zusätzliche oder besondere (An-)Forderungen übertragen werden. Diese Besonderheiten ergeben sich zwangsläufig aufgrund des gesellschaftlich-politischen Willens auf der einen Seite, derartige Anlagen zu errichten, und der Nicht-Verfügbarkeit von Regelwerken auf der anderen Seite.

Bereits die Einordnung von Energiespeicheranlagen ins Bauordnungsrecht, sei es die Gebäudeklasseneinstufung oder die Frage zur Einordnung als Sonderbau, wird unter Rechtsexperten ausgiebig diskutiert. Technisch betrachtet handelt es sich lediglich um bauliche Anlagen ohne Aufenthaltsfunktion für Personen, die jedoch im Kontext mit der Umgebungsbebauung bzw. zum Aufstellort schnell zum Sonderbau werden können.

Sowohl bei freistehenden Großspeicheranlagen als auch bei Speichern in Gebäuden kommen neben den Entwurfsverfassenden und den Verantwortlichen für die Brandschutzplanung viele weitere planende Personen hinzu: für Elektro- und Haustechnik, im Freibereich für die Außenanlage, für Technologie und Logistik oder auch Fachplanende für das Tragwerk.

Vor allem in Großdimensionen wie Speicherparks oder bei Anwendung in Kraftwerken sind Wartungs- und Austauschtechnologien während des Betriebes – unter Beachtung der elektrotechnischen Sicherheitsabstände usw. – fast schon wichtiger als die bloße bauordnungsrechtliche Betrachtungsweise. Während Brandschutzplanende und Entwurfsverfassende die bekannten bauordnungsrechtlichen Anforderungen eher abstrahierend und schutzzielorientiert anwenden und auslegen, sind gerade die vorgenannten elektrotechnischen bzw. systemtechnologischen Belange von (Groß-)Elektrospeichern deutlich maßgebender. Alle bauordnungsrechtlichen Abstandsbelange rühren aus der bekannten Denkweise, vor allem mit Blick auf Feststoffbrände, sowie aus historisch gewachsenen Erfahrungswerten. Elektrotechnische Abstandsbelange hingegen beruhen auf sicherheitstechnischen Kriterien sowohl im aktiven Vollbetrieb als auch im Teilbetrieb von noch aktiven Nachbaranlagen.

Vor dem Hintergrund dieser unterschiedlichen Perspektiven sind alle Planungsbeteiligten gefragt zu klären, wie sich einerseits ein sicheres Gesamtwerk konzipieren lässt, während die komplexen Planungen andererseits nicht blockierend, verzögernd oder verteuernd wirken.

2.2 Genehmigungsseite

Die nachfolgenden Kapitel geben einen Kurzabriss über die typischen Instanzen eines Genehmigungsverfahrens. Dabei geht es weniger um die rechtliche Vollständigkeit als um eine grobe Einordnung zum besseren Verständnis des Prozesses. Je nach konkretem Fall sind auch noch weitere Behörden, wie für Umwelt und Wasser, Denkmalschutz usw., beteiligt.

2.2.1 Untere Bauaufsichten

In üblichen Baugenehmigungsverfahren sind die Unteren Bauaufsichtsbehörden der Landkreise bzw. der Kommunen für die Prüfung und Genehmigung eines Bauantrags zuständig. Untere Bauaufsichten sind neutrale Partner im Genehmigungsverfahren und weder für noch gegen ein Bauvorhaben; sie prüfen lediglich die generelle rechtliche Zulässigkeit und die Einhaltung öffentlich-rechtlicher Belange. Stehen keine öffentlich-rechtlichen Belange einer Genehmigung entgegen, so muss der Antrag genehmigt werden.

Ein Bauantrag wird zunächst auf formelle Zuständigkeit und formelle Einordnungen geprüft; hiernach folgt die Prüfung der Vollständigkeit des Antrags. Nach Feststellung der Vollständigkeit (durchaus auch nach mehreren Nachforderungsumläufen) erfolgt dann die Prüfung der Genehmigungsfähigkeit und bei bejahender Feststellung die Genehmigung.

Am einfachsten ist eine Prüfung und Genehmigung immer dann, wenn sowohl der Bauantragsgegenstand als auch das dazugehörige Recht bzw. die Rechtsvorschriften eineindeutig vorhanden, aussagefähig und aussagekräftig sind. Komplizierter und langwieriger wird es, wenn entweder keine, keine eindeutigen oder missverständliche Rechtsvorschriften vorhanden sind und/ oder die Bauantragsunterlagen Abweichungen von eingeführten Rechtsvorschriften beinhalten.

Da Energiespeicheranlagen derzeit ohne bauaufsichtliche Regelwerke zu bewerten sind, kann ein längerfristiger Ablauf des Genehmigungsverfahrens die Folge sein. Ist gesellschaftlich und politisch eine zügige Energiewende gewünscht – bei der die Energieerzeugung, die Energieverteilung und die Energiespeicherung eine entscheidende Rolle spielen –, führt bauplanungs- und bauordnungsrechtlich im Grunde genommen kein Weg an einer klaren Aussage mit Angaben von Grenzen und Anforderungen in Form von Einzelgesetzen, ggf. einhergehend mit einer Änderung der Landesbauordnungen usw., vorbei. Solange keine rechtlichen Vorgaben existieren, werden Genehmigungsverfahren – selbst bei schnellster und positivster Herangehensweise von Genehmigungsinstanzen – lange dauern, da der Prüfungs- und Genehmigungsprozess einer rechtlich und inhaltlich verbindlichen Abfolge unterliegt.

Hieraus erfolgt im Grunde ein Paradoxon: Je schlanker und unbürokratischer ein Verfahren sein soll, desto länger dauert es.

In Bezug auf die Energiespeicher ist daher die Rechts- und Verfahrenseinordnung aktuell die wichtigste Zielgröße. Kleine Speichereinheiten < 20 kWh unterliegen keinem Rechtsverfahren; Anlagen > 20 kWh bis 100 kWh unterliegen – bei Aufstellung in Gebäuden – der Elektrobauverordnung (MEltBauV 2022); größere Anlagen in Gebäuden bedürfen besonderer Anforderungen, sind aber per se keine Sonderbauten. Freistehende Anlagen ohne Gebäudebezug sind derzeit als Sonderbauten einzustufen. Indes sind aus dieser Sonderbaueinstufung nicht zwingend lange und aufwendige Verfahren abzuleiten, vielmehr dient sie der klareren Zuordnung zum Erfordernis der Anhörung an weitere fachliche (Behörden-)Beteiligte wie z. B. die Brandschutzdienststelle. Dies wird in Kapitel 3.1 noch näher beleuchtet.

Generell gilt der Grundsatz nach § 2 Abs. 9 MBauVorlV: „*Die Bauaufsichtsbehörde soll auf Bauvorlagen verzichten, wenn diese zur Beurteilung des Bauvorhabens nicht erforderlich sind.*" Demnach ist anzunehmen, dass z. B. ein Stellplatznachweis bei freistehenden Großspeicheranlagen tendenziell nicht erforderlich ist.

Aktuell zeigt die berufliche Praxis ein stark differenziertes Genehmigungsbild in ganz Deutschland. Während einige Bauaufsichten keinen Sonderbaustatus für Energiespeicher vorsehen und damit ein sehr schnelles Genehmigungsverfahren ermöglichen, gibt es andere Bauaufsichten, die alle Belange eines Genehmigungsverfahrens abfragen, wie sie typischerweise z. B. bei Sonderbauten für große Menschenansammlungen erforderlich sind. So verlangen vor allem ungeregelte Sonderbaueinstufungen von den Genehmigungsinstanzen viel Augenmerk, während sich bei geregelten Sonderbauten i. d. R. Analogschlüsse mit der bestehenden Rechtslage anbieten.

2.2.2 Prüfingenieure bzw. Prüfsachverständige für Brandschutz

In den meisten Bundesländern ist die Prüfinstanz in Form von Prüfingenieuren bzw. Prüfsachverständigen für Brandschutz etabliert. Diese (durch Prüfung bestätigte) Fachexpertise ist ein notwendiger Bestandteil einer Bauantragsprüfung im Sonderbauverfahren bzw. bei Gebäuden der Gebäudeklasse 5 (teilweise auch noch in der Gebäudeklasse 4) nach MBauVorlV i. V. m. M-PPVO. In vielen Bundesländern üben die Prüfingenieure eine hoheitliche Prüfung aus; in einigen Bundesländern agieren sie als privatrechtlich Beauftragte.

Allen gemein ist die Aufgabe, einen im Bauantragsverfahren vorgelegten Brandschutznachweis – i. d. R. vor Erteilung der Baugenehmigung, teilweise auch erst danach; dann jedoch vor Baubeginn – zu prüfen und während der Bauausführung vor Ort auf der Baustelle die Umsetzung der brandschutzrelevanten Belange stichprobenartig zu kontrollieren. Dabei beziehen sie die zuständigen Brandschutzdienststellen per Gesetz ein, wobei sie das Ergebnis im Prüfbericht gemäß § 19 M-PPVO bewerten. Vor Inbetriebnahme müssen die Prüfingenieure bzw. Prüfsachverständigen, basierend auf den Begehungen vor Ort, einen Schlussbericht erstellen. Nur mit einem solchen Schlussbericht und ggf. auch entsprechenden Formularen darf die Nutzung aufgenommen werden. Weitergehende Formalien und Prozesse, wie z. B. die Arbeit von Prüfingenieuren für Baustatik, sind hier ausgenommen und entsprechend erforderlich.

Ein entscheidender Vorteil beim Einsatz von Prüfingenieuren bzw. Prüfsachverständigen ist, dass diese Personen bei anderen Bauvorhaben auch selbst Brandschutznachweise bzw. -konzepte erstellen. Sie bringen somit wertvolle Praxiserfahrungen mit und gewährleisten durch kontinuierliche Weiterbildung eine stets aktuelle Expertise für die Prüfung von Konzepten. Mit der Vielzahl verschiedenartiger Projekte sind umfangreiche Erfahrungen und Kenntnisse vorhanden, sodass Entscheidungen fachlich-formal getroffen werden können, selbst bei Vorhaben ohne konkreten Rechtsbezug.

Vor diesem Hintergrund ist die Prüfung durch Prüfingenieure bzw. Prüfsachverständige für Brandschutz in Bezug auf Energiespeicher – wie bei allen Sonderbau-Prüfungen – somit äußerst hilfreich, weil vorausgesetzt werden kann, dass die Prüfenden generell auch Planende sind. Im Vergleich zum eher breiten, aber i. d. R. weniger vertieften Wissen in den Behörden sind sie auf konkrete Brandschutzfragestellungen spezialisiert, können schnell und effektiv die Aussagen der zu prüfenden Konzepte überblicken und eine brandschutzrelevante Genehmigungsfähigkeit feststellen. Insbesondere im Hinblick darauf, dass das derzeitige Fehlen von Regelungen für Energiespeicher einen Abgleich oder Analogieschlüsse mit anderen Sonderbauvorschriften verhindert, haben die Prüfenden aufgrund ihres großen Erfahrungshorizonts einen deutlichen Vorteil, fachgerechte Entscheidungen zu treffen.

2.2.3 Brandschutzdienststellen

Die Herausforderung der Brandschutzdienststellen liegt in der Verknüpfung des abwehrenden Brandschutzes, d. h. der Einsätze im Brandfall, mit den bauordnungsrechtlichen (Mindest-)Vorgaben, die es zu beachten gilt.

Der Aufbau, die Ausbildung und die rechtliche Einordnung der Brandschutzdienststellen sind länderspezifisch verschieden. Allen gleich ist die – für das Thema Elektrospeichersysteme besonders relevante – Beteiligung der Brandschutzdienststellen im Baugenehmigungsverfahren. Hinzu kommt im Falle von Sonderbauten die Durchführung von Brandverhütungs- bzw. Brandsicherheitsschauen usw., d. h. die Begehungen von Sonderbauten nach den abgeschlossenen Genehmigungsverfahren und damit während ihrer Nutzung.

Hinsichtlich des Ablaufs zwischen den Beteiligten sind in den meisten Bundesländern die Prüfingenieure bzw. Prüfsachverständigen für Brandschutz zwischen die Baugenehmigungsinstanz (hier: i. d. R. die Untere Bauaufsicht) und die Brandschutzdienststelle geschaltet. Wie bereits beschrieben, wertet ein Prüfingenieur oder Prüfsachverständiger die Aussage der Brandschutzdienststelle aus und nimmt sie in seinem Prüfbericht zur Prüfung des Brandschutznachweises unverändert, verändert oder gar nicht auf (§ 19 Abs. 1 M-PPVO). Da die Aussagen der Brandschutzdienststellen im Genehmigungsverfahren als Zuarbeit gewertet werden, nicht als eigenständiger Rechtsakt, ist es möglich, dass nicht alle Aussagen, Hinweise, Bedenken oder Auflagen am Ende auch Einzug in die Genehmigung finden.

Über den konkreten Ablauf bzw. die entsprechenden Inhalte sind länderspezifische Regelungen in den Prüfverordnungen (z. B. M-PPVO) getroffen. Ein gutes inhaltliches Abbild verschafft auch der Anhang 3, „Beteiligung der Brandschutzdienststellen bei der Prüfung des Brandschutznachweises", der vfdb-Richtlinie 01/01 – Brandschutzkonzept, 2008.

In Bezug auf Energiespeicher ergibt sich aus der Praxiserfahrung ein sehr breites und vor allem unterschiedliches Bild hinsichtlich der konkreten Beteiligungen der Brandschutzdienststellen. Zunächst besteht vor allem für freistehende Energiespeicher der Sachverhalt, dass Anlagen dieser Art eher im nicht städtischen Bereich errichtet werden, wo die Absicherung des abwehrenden Brandschutzes vermehrt, bisweilen auch durchgängig, durch Freiwillige Feuerwehren realisiert wird. Hierauf nimmt die Gesetzgebung derzeit keinerlei Einfluss. Die betroffenen Kommunen sind daher gefragt, ihre Freiwilligen Feuerwehren technisch und personell so zu unterstützen, dass Brandereignisse bei Energiespeichern beherrscht werden bzw. die Einsatztaktik entsprechend angepasst wird. Im innerstädtischen Bereich wiederum stellt die Aufstellung von Großspeichern die – dort oftmals anzutreffenden – Berufsfeuerwehren vor andere Herausforderungen (z. B. Anfahrt, Aufstellflächen, Nachbarschaftsbeziehungen).

Generell ist aktuell festzustellen, dass sich die Zusammenarbeit mit Brandschutzdienststellen in Bezug auf Energiespeicher deutschlandweit stark unterschiedlich verhält. So gibt es Regionen mit bislang keinerlei Erfahrungen und wieder andere, in denen der Umgang mit Energiespeichern bereits erprobt ist. Aufgrund der föderalistischen Bedingungen auch in der Gefahrenabwehr existieren zudem teils sehr unterschiedliche Ausbildungsbedingungen.

Hilfreich wären daher – wie bei Einsätzen im Brandfall von E-Fahrzeugen auch – ein deutschlandweit einheitliches Ausbildungssystem für die Feuerwehren und Brandschutzdienststellen, um schnell und effektiv die entsprechenden Genehmigungsverfahren durchführen zu können.

2.2.4 Weitere Genehmigungsinstanzen

Brandschutzrelevante Sachverhalte sind zwar zunächst typisches Bauordnungsrecht, jedoch spielen bei der Sicherheit auch weitere Belange wie Arbeitnehmerschutz, Umweltschutz usw. eine große Rolle.

So sind viele umweltrelevante Anlagen zusätzlich bzw. ergänzend zum Bauordnungsrecht nach weitergehenden Gesetzen und Bestimmungen wie dem Bundes-Immissionsschutzgesetz (BImSchG) zu beachten bzw. ist das Genehmigungsverfahren nach BImSchG zu führen. Ebenso relevant sind die Störfall-Verordnung, aber auch nicht gesetzliche Belange wie Vorgaben nach berufsgenossenschaftlichen Regelungen gemäß der Deutschen Gesetzlichen Unfallversicherung (DGUV), staatliche Regelungen zu Arbeitnehmerschutz und Unfallverhütung nach Arbeitsschutzgesetz (ArbSchG) bzw. Arbeitssicherheitsgesetz (ASiG) entsprechend den Technischen Regelwerken der Bundesanstalt für Arbeitsschutz und Arbeitsmedizin (BAuA) sowie gewerberechtliche Vorgaben.

In allen bzw. zumindest in den meisten Regelwerken sind auch Forderungen zum bzw. Regelungen für den Brandschutz zu beachten. Für Energiespeicher gibt es derzeit jedoch keine konkreten Regelungen, Vorschriften oder Gesetze. So sind Energiespeicheranlagen auch nicht nach BImSchG zu bewerten. Daraus ist nicht zu schlussfolgern, dass Genehmigungsinstanzen keine Auflagen, Hinweise oder Bedingungen im Rahmen ihrer Beteiligung ableiten, sondern sehr oft folgt ein Mehr an Auflagen, die ein Verfahren eher unnötig erschweren. Hier ist anzumerken, dass alle Auflagen in Genehmigungsverfahren auch widerspruchsberechtigt sind. Das heißt, sollten Antragstellende mit Auflagen aus dem Genehmigungsbescheid, ob fachlich berechtigt oder nicht, nicht einverstanden sein, folgt ein verwaltungsrechtliches – noch nicht gerichtliches – Widerspruchsverfahren, ggf. in mehreren Instanzen. Insbesondere bei Auflagen, die nicht aus konkreten Vorschriften oder Gesetzen abgeleitet sind, sondern aus Meinungen und Erfahrungswerten der Genehmigungsinstanzen, sind Konflikte häufig vorprogrammiert.

Wie die Praxiserfahrung zeigt, kommt es derzeit im Hinblick auf Energiespeicher – teils aus Sorge, teils aus Unwissenheit – oft zu die Genehmigungsprozesse stark verzögernden Auflagen, die fachlich teilweise auch nicht zutreffend sind (z. B. Erfordernis einer Quarantänefläche bei Batteriespeicheranlagen, erhöhte Löschwassermengen, Löschwasser-Rückhaltemengen aus Vorschriftenwerken, die für völlig andere Rechtsgebiete geschaffen wurden, Abstandsflächen innerhalb einer Aufstellgruppe von Energiespeichern, die aus Wohnbebauungen abgeleitet sind, usw.).

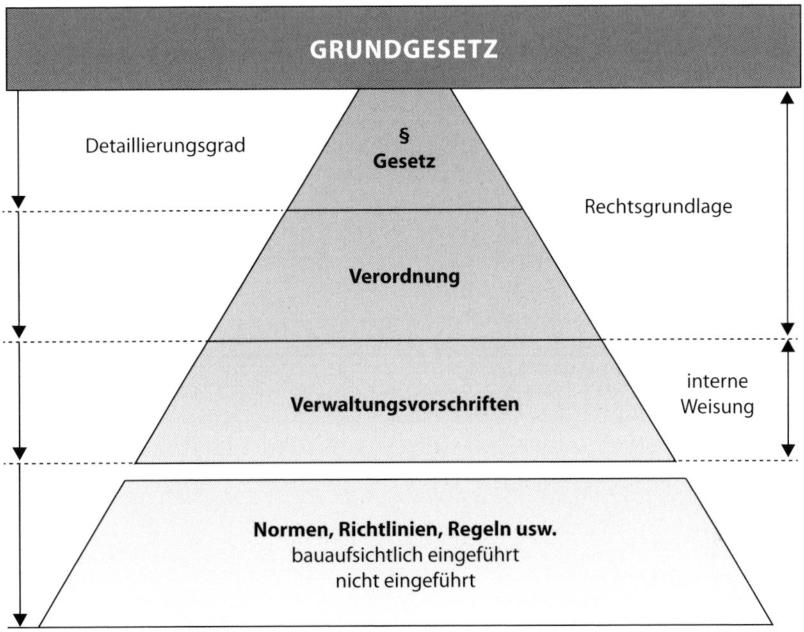

Abb. 2.1: Normenhierarchie im Brandschutz (Quelle: Battran, Dietrich, Mayr, 2025, Pkt. 6.4 „Verwaltungsvorschriften")

Andererseits ist auch die tatsächliche Gefahr im Brandfall selbst nicht zu verharmlosen. Energiespeicheranlagen brennen zwar nicht öfter oder leichter als andere technische Anlagen, sie erzeugen jedoch Brandprodukte (ggf. auch im Zusammenhang mit Löschwasser), die in der Luft und in der Erde, z. B. im Bereich von Lebensmitteln wie bei Agrarprodukten, Chemikalien (Schwermetalle usw.) hinterlassen, die ggf. Schädigungen hervorrufen.

Derzeit herrscht eine Art Schwebezustand hinsichtlich der Frage, was im Umgang mit Energiespeicheranlagen im Brandfall zu beachten ist. Die aktuellen Schadenfälle sind – glücklicherweise – noch so selten, dass eine allgemeingültige Aussage zu Schadenhöhe und vor allem umweltrechtlicher Relevanz nicht möglich ist. Es wird sich daher erst noch zeigen müssen, welche konkreten Anforderungen und Maßnahmen nach einem Brandfall erforderlich sind, um auch nachhaltig Schädigungen von Mensch, Tier, Umwelt usw. auszuschließen.

Festzustellen ist jedoch auch: Je höher die Gesetzesebene, desto weniger konkret werden die Forderungen bzw. Aussagen. Hier gilt seit Jahrzehnten die sog. Normenhierarchie als anschauliches Beispiel (siehe Abb. 2.1). Diese Pyramide wird heute mit dem Europäischem Recht an der Spitze ergänzt und – je nach Rechtsgebiet (hier: Brandschutz) – mit Blick auf konkrete Gesetze, Vorschriften, Richtlinien und Normen spezialisiert.

Abb. 2.2: Die Einsatzkräfte der Feuerwehr sind im Brandfall noch immer unerlässlich. (Foto: © istock.com/FooTToo)

2.3 Einsatzkräfte

Wenn es um den Brandschutz geht, ist die Verknüpfung mit den Einsatzkräften, d. h. konkret mit der Feuerwehr, per se naheliegend. Dabei gilt die klassische Differenzierung in vorbeugenden und abwehrenden Brandschutz auch für Energiespeicheranlagen. Derweil sind die aktuell bekannten Brandschäden bzw. Brandereignisse – insbesondere zu Beginn der Etablierung der neueren Batterietechnologien – durchaus als Aufsehen erregend zu bezeichnen.

Zwar haben sich die klassischen Wohnungs- und Gewerbebrände in den letzten Jahrzehnten auch aufgrund der massiven Kunststoffanteile in Produkten geändert, doch waren diese Einsatzszenarien mit den bekannten und bewährten Einsatztaktiken beherrschbar. Ebenso sind bei Sonderbauten – entweder anhand einschlägiger Rechtsvorschriften oder auf Grundlage vorabgestimmter, genehmigter Brandschutzkonzepte – auch im Gefahrstoffbereich (z. B. mit dem Einsatz bzw. dem Vorhalten einer Werkfeuerwehr) Lösungen etabliert, die einen Einsatzablauf ermöglichen, der im Ergebnis kontrollierbar ist.

Die aktuellen Herausforderungen gerade im Bereich der Energiespeicheranlagen und der Elektromobilität ergeben sich einerseits aus der teilweise fehlenden Rechtsgrundlage bzw. unklaren nicht bauordnungsrechtlichen Bestimmungen (vgl. Homespeicher, E-PKW usw.) und andererseits aufgrund stark dynamischer, unterschiedlicher und zum Teil explosionsartiger Brandausbreitung beim Brand von Batterien (vgl. Kapitel 1.2).

Insofern waren bzw. sind bis beute die Feuerwehrgremien gefordert, die Einsatztaktiken aktuellen Erkenntnissen bei Brandfällen entsprechend anzupassen und weitergehende Forschungen anzustreben (vgl. u. a. das Forschungsprojekt BEGIN-HVS der Verbundpartner Feuerwehr München, Institut für Baustoffe, Massivbau und Brandschutz der TU Braunschweig sowie Bundesanstalt für Materialforschung und Prüfung Berlin (BAM)).

Wichtig ist das Bewusstsein, dass die Einsatzkräfte der Feuerwehr immer dann erforderlich sind, wenn die eigentlichen Schutzmaßnahmen versagt haben bzw. es trotz aller Vorsicht zu einem Brand gekommen ist. Nach wie vor ist die Erwartungshaltung der Gesellschaft an die Einsatzkräfte, dass sie alles schnell und sicher, ggf. möglichst „lautlos“, erledigen. Das Feuerwehrwesen auf den kleinsten Nenner heruntergebrochen, sind bei Einsätzen auf dem Land jedoch vor allem freiwillige, ehrenamtliche Personen tätig, die zwar Ausbildungen usw. erhalten, jedoch im täglichen Umgang mit besonderen Gefahrenlagen weniger geübt sind – oder aber der feuerwehreinsatztaktische Gesamtaufwand übersteigt die vor Ort vorhandenen technischen Mittel. Diese Einschätzung ist keinesfalls den Freiwilligen Feuerwehren anzulasten, sondern herauszustellen ist die im Zusammenhang mit dem hier betrachteten Thema zu benennende Problematik, dass ggf. einsatztechnisch schwierige Objekte in Gebieten angeordnet werden, die feuerwehreinsatztaktisch einen größeren Aufwand bedeuten.

Dieses Dilemma trifft insbesondere dann besonders hart zu, wenn Kommunen ohne Berufsfeuerwehren Gewerbe- und Industriegebiete erschließen lassen, in denen Hunderttausende von Quadratmetern an Lager- und Produktionsflächen errichtet werden, während die Feuerwehrperipherie und auch das Personal in Form der Freiwilligen Feuerwehren nicht gleichsam mitwachsen. Dies wird bei Batteriespeicherfarmen bzw. Kraftwerken ähnlich sein, da solche Anlagen i. d. R. nicht in großstädtischen Gebieten errichtet werden, sondern auf Feldern und Wiesen außerhalb von städtischer Bebauung.

Die vorgenannten Aspekte sind folglich nicht außer Acht zu lassen, wenn allgemein über Feuerwehren und Sicherheit gesprochen wird. Derweil gibt es erhebliche Unterschiede zwischen Städten und Gemeinden auf dem Land hinsichtlich der Ausstattung von Personal und Technik – was bedeutet, dass auch hier Kommunen und Gemeinden ihre bisherigen Feuerwehreinsatz-Bedarfspläne auf neue Technologien umstellen bzw. anpassen müssen.

2.4 Betreibende von Energiespeicheranlagen

Wichtig ist an dieser Stelle die Unterscheidung zwischen der privaten und der gewerblichen bzw. industriellen Nutzung von Energiespeicheranlagen. Diese Differenzierung ist sowohl verfahrensrechtlich als auch inhaltlich erforderlich, da im privaten Bereich, bis auf minimale bauordnungsrechtliche Anforderungen, keine weiteren staatlichen Eingriffe möglich sind.

2.4.1 Gewerblicher/industrieller Betrieb

Auch diese gewerbliche bzw. industrielle Stakeholdergruppe selbst ist sehr vielfältig und daher weiter zu differenzieren. Zu ihr zählen die herstellenden Unternehmen von Batterien, die Systemlieferanten für Fertiganlagen, Unternehmen für den Transport von fertigen Batterien und die Logistik (Lagerung und Vermarktung), die Errichtenden bzw. Anwendenden der Speichersysteme sowie auch die Verantwortlichen für die Entsorgung. Dabei ist in jedem Bereich eine Vielzahl an Besonderheiten und Bestimmungen zu berücksichtigen (siehe Kapitel 4).

Bei einer gewerblichen Anwendung von Elektrospeichersystemen wird bauordnungsrechtlich-brandschutztechnisch naturgemäß eine weitergehende Qualifikation im Umgang mit Produkten erwartet bzw. es lassen sich allein durch die Nutzung und Größe der Gebäude bauordnungsrechtliche Anforderungen stellen. Pauschal ist davon auszugehen, dass bei der Errichtung von Gebäuden oder bei Nutzungsänderung ein bauaufsichtliches Verfahren (zuzüglich weitergehender Anforderungen) zu führen ist, sodass alle brandschutzrelevanten Belange z. B. in Form eines Brandschutznachweises erfasst werden.

Das Eingreifen staatlicherseits erfolgt dann im Rahmen von Rechtsverfahren sowohl vor der Nutzung bzw. bei Änderungen (u. a. Bauantragsverfahren) als auch während der Nutzung (u. a. Brandsicherheitsschauen, bzw. Brandverhütungsschauen). Somit ist auch von der verwaltungsrechtlichen Seite die Möglichkeit des Eingreifens zum Schutze von Personen und Sachwerten einschließlich Nachbarschaftsschutz gegeben. Zudem wird grundsätzlich gesellschaftlich erwartet, dass gewerblich Nutzende oder Herstellende neben den gesetzlichen Mindestanforderungen auch weitergehende, privatrechtliche Anforderungen (ggf. freiwillig) erfüllen.

Weiterhin ist zu klären, ob die Lieferung der Elektrospeichersysteme für den Consumerbereich (B2C – Business to Consumer) oder für den gewerblichen Bereich (B2B – Business to Business) erfolgt. Dies beinhaltet zwar im Wesentlichen auch Themen des Versicherungsrechts, des Gefahrgut-Transportrechts (ADR – „Accord européen relatif au transport international des marchandises Dangereuses par Route“ – Übereinkommen über die internationale Beförderung gefährlicher Güter auf der Straße) und durchaus auch des Lieferkettensorgfaltspflichtengesetzes, doch ergeben sich bei den Schnittstellen der Übergabe von Produkten ebenso Ansatzpunkte für die erforderliche Sicherheit und am Ende auch wieder für brandschutzrelevante Belange.

Während alle gewerblichen bzw. industriellen Nutzungen immer dann den klassischen bauordnungsrechtlichen Verfahren unterliegen, wenn bauliche Anlagen, vor allem Gebäude, errichtet oder umgebaut werden, sind alle Wege dazwischen – in Form des eigentlichen Transports (z. B. auf der Straße) bzw. bereits ab der Verladung aus einem Gebäude auf ein Fahrzeug – nicht mehr mit den bekannten bauordnungsrechtlichen Vorschriften regel- und steuerbar.

Letztlich kommt es auch bei brandschutztechnischen Belangen immer darauf an, wer wann und warum welche Rechte und Pflichten hat und wer die Verantwortung trägt.

Praxistipp

Insbesondere in Bezug auf das Gefahrstoffrecht und – mit Blick auf den Brandschutz – die Löschwasserrückhaltung liegt der Fokus brandschutztechnisch immer darauf, ob das ein oder andere nicht als „Bereitstellung“ oder als „Transport“ beschrieben werden kann. So lassen sich die Vorschriften, die die Brandschutz-Verantwortlichen bei der Planung zu beachten haben, in manchen Fällen zulässigerweise umgehen.

Fehlende Regelungen auf Seiten der Gesetzgebung bedeuten einerseits zwar Freiheit, sind häufig aber auch der Grund dafür, dass Haftung und Verantwortung in den eigenen Verantwortungsbereich fallen. Daher sind selbstorganisierte, präventive Schutzmaßnahmen ein entscheidender Schritt. Diese Erkenntnis ist indes nicht neu. Vor allem gewerbliche und industrielle Anwendende setzen deshalb zum einen technisch-bauliche und anlagentechnische Maßnahmen zur Risikoverminderung ein, zum anderen werden die Restrisiken bzw. die Auswirkungen nach Schadenfällen oftmals versicherungsrechtlich abgedeckt.

In diesem Zusammenhang ist von Bedeutung, welche Versagensgröße einerseits im gesetzgeberischen und andererseits im privatrechtlichen Sinne akzeptiert bzw. angenommen wird. Während Privatpersonen für sich selbst bestimmen müssen, was sie als Verlust- bzw. Schadensgröße akzeptieren wollen, geht es gesetzgeberisch um den Schutz derjenigen, die vom Brand mit betroffen sein können. Hier ist der (bauordnungsrechtliche) Bewertungsmaßstab, dass ein Schaden – sofern er sich nicht generell ausschließen lässt – weder öffentliche (globale, nationale, kommunale) Belange beeinträchtigt noch direkte nachbarliche Belange. Der Schaden der Betroffenen selbst ist hierbei nachrangig. Das sog. allgemein akzeptierte gesellschaftliche Restrisiko wird hierbei auf die direkt Geschädigten verlagert bzw. es ist bekannt, dass mit Gesetzeswirkung vom Brandschaden Betroffene ggf. nicht geschützt oder gerettet werden können.

Interessant ist auch, dass im Kontext der Energiespeichersysteme von der einfachen Privatperson mutmaßlich kein Fachwissen erwartet wird und auch keine Gesetze zum konkreten Schutz existieren. Für die gewerbliche Anwendung hingegen gibt es eine Vielzahl von gesetzlichen Hürden, obwohl hier i. d. R. ein breites Fachwissen vorhanden ist und gewerblich bzw. industriell Nutzende i. d. R. viel mehr auf Eigen- und Fremdsicherheit achten als Privatpersonen. Sicherlich spielt hier auch die Versicherungsstrategie eine tragende Rolle. Während das Schadensausmaß bei einem Brand eines Einfamilienhauses eher überschaubar und gesellschaftlich eher von untergeordneter Rolle ist, ist ein Großschadensereignis bei einer gewerblichen bzw. industriellen Anwendung von lokaler und ggf. nationaler Bedeutung – vor allem auch in umweltrechtlicher Hinsicht.

Im Zusammenhang mit Energiespeichersystemen oder Großbatterien im Allgemeinen ist daher die Sicherheit auf Seiten von Herstellung und Transport sowie die Verschaltung derartiger Systeme von herausragender Bedeutung. Die gesetzlich oder privatrechtlich geregelten Gefahrenübergänge jeweils an die nächsten Verwendenden, Transporteure usw. helfen dabei, die Sicherheit möglichst nahtlos aufrechtzuerhalten.

Brandschutzbeauftragte und Fachkräfte für Sicherheit

Im Grunde genommen eine Unterkategorie der gewerblichen und industriellen Stakeholder im Zusammenhang mit Elektrospeichersystemen stellen unternehmerisch organisierte Verantwortliche in Form von Brandschutzbeauftragten und Fachkräften für Arbeitssicherheit dar. Die Anforderung, diese zu bestellen, basiert entweder auf gesetzlichen (bauordnungsrechtlichen) oder arbeitsstättenrechtlichen Regeln.

Diese betrieblich-organisatorisch eingesetzten Personen im gewerblichen bzw. unternehmerischen Bereich unterstützen die verantwortlichen Führungskräfte in den technischen Belangen. Sie sind jedoch nur beratend tätig; eine Personenverantwortung tragen sie (bei vorausgesetzter richtiger Tätigkeit) nicht.

Die Beauftragten sind seit jeher ein wichtiger Baustein für das Gefahrenmanagement sowie im Bereich der vorbeugenden Gefahrenabwehr – und ihre Rolle wird aufgrund der neuen Technologien im Bereich der Batteriespeichersysteme zukünftig noch wichtiger werden. Mit entsprechender Ausbildung können die zuständigen Personen Aufgaben bewerten und koordinieren, die den in Teilbereichen deutlichen Mehraufwand im Bereich des betrieblich-organisatorischen Brandschutzes (vgl. Kapitel 3.2.3) betreffen.

Die aktuellen Technologien sind grundsätzlich sicher im technischen und rechtlichen Sinne. Dennoch sind die Brandauswirkungen besonders gegenüber bisherigen Schadenfällen deutlich höher bzw. unterscheiden sich von diesen. Insbesondere im Hinblick auf Betriebsausfälle und Folgeschäden sind bereits im Vorfeld Überlegungen in den Planungsprozess zu integrieren, die einen Schaden möglichst gering halten.

2.4.2 Privater Betrieb

Private Anwendende bzw. Endkunden (Consumer) verwenden neue Batterietechnologien i. d. R., ohne dabei auf besondere Gefahrenhinweise zu achten. Dieses bekannte Verhalten muss dahingehend Berücksichtigung finden, dass Endprodukte so sicher sind, dass auch eine ungeübte, nicht eingewiesene Person beim bestimmungsgemäßen Gebrauch der Produkte keinen Schaden erleidet.

Mittlerweile ist ein Großteil von Consumerprodukten mit aktuellen Batterietypen (v. a. Lithium-Ionen) ausgestattet. Gerade bei beweglichen Produkten (Mobiltelefon, Notebook, Tablet, Werkzeug) ist von besonderer Bedeutung, dass ein Herunterfallen nicht zwangsläufig zu einer Schädigung der Batterie und einem sich daraus ggf. entwickelnden Brand führt.

Wie bereits beschrieben, ist ein staatliches Eingreifen in das Privatleben von Personen grundgesetzlich streng geregelt (Art. 2 Abs. 1 GG i. V. m. Art. 13 Abs. 1 GG i. V. m. Art. 14 Abs. 1 GG i. V. m. Art. 30 GG i. V. m. Art. 31 GG i. V. m. Art. 70 GG). Insofern sind auch bauordnungsrechtlich-brandschutztechnisch keine besonderen Eingriffs- und Regelungsmöglichkeiten vorhanden. Das heißt, niemand – vor allem nicht die Einsatzkräfte der Feuerwehr – verfügt über Kenntnisse, beispielsweise einer Wohnung, bezüglich Grundriss, Nutzung, eventuell vorhandener Gefahrstoffe usw. Dieses bekannte Risiko verschärft sich im Hinblick auf die z. B. nicht sach- und fachgerechte Nutzung von Batterieprodukten oder auch Homespeicher-Anlagen.

Zukünftig wird es sicherlich erforderlich, seitens der Herstellenden und Versichernden sowie allgemein durch entsprechende Aufklärungskampagnen in den Medien auf Risiken und Gefahren aufmerksam zu machen.

Batteriespeicheranlagen im privaten Umfeld, die direkt am Energieversorgungsnetz angeschlossen sind, obliegen zumindest dem Zwang der Registrierung beim Marktstammdatenregister bzw. der Anmeldung bei der Bundesnetzagentur und dem lokalen Energieversorgungsunternehmen. Hieraus leitet sich u. a. auch ab, dass ein zugelassener Elektrofachbetrieb die Installation, die Inbetriebnahme und den Anschluss vornimmt. Dies trifft jedoch nicht auf andere, nicht an das Energieversorgungsnetz angeschlossene (autarke) Anlagen zu. Als ein Beispiel seien hier sog. Photovoltaik-Balkonkraftwerke mit Energiespeicher genannt.

2.5 Versicherungen

Der Blick beim Thema Brandschutz rückt seit einiger Zeit immer öfter in Richtung Versicherung. Die Mentalität, im Schadenfall Dritte als Verursachende bzw. Verantwortliche auszumachen und/oder aber auch der Versuch, für den Schadenfall viele Risiken zumindest finanziell abzusichern, scheint sich zu verstärken.

Während im Privatbereich eine Versicherung oftmals eher als teure Belastung wahrgenommen wird oder aber die Meinung herrscht, dass Versicherungen ohnehin nichts zahlen, wandelt sich diese Haltung im gewerblichen Bereich deutlich. Wurden Projekte finanztechnisch im Hinblick auf Brandschutzanforderungen bislang ausschließlich aus bauordnungsrechtlicher Sicht geplant und – wenn überhaupt – erst nach Erteilung der auf dieser Basis geplanten Baugenehmigung die Versicherungsbelange geprüft, ändert sich diese Herangehensweise zunehmend: Im Grunde beginnt ein Projekt im gewerblichen bzw. industriellen Bereich heute sehr oft mit der Vorstellung bei einer Versicherung. Da bekannt ist, dass versicherungsrechtliche Belange (auch brandschutztechnischer Art) deutlich mehr Anforderungen stellen als die bauordnungsrechtlichen Vorschriften, ist genau dieser Ansatz für die Kostenprognose des Gesamtprojektes von entscheidender Bedeutung.

Für den Brandschutzmarkt sind diese höheren Anforderungen seitens der Versicherungen durchaus positiv zu bewerten. Die zunehmende Verwendung nichtbrennbarer Materialien (insbesondere von Dämmstoffen) sowie der Einbau von Löschtechnik lässt großzügigere Gebäudekubaturen zu, ohne das Sicherheitsniveau zu senken. Während in vielen Industrieprojekten früher noch mit allen Mitteln versucht wurde, eine Löschanlage zu vermeiden, und Gebäude mit übergroßen Brandabschnitten anhand umfangreicher Brandlastberechnungen bewertet wurden, ist die Löschanlage heute bereits in frühesten Projektphasen durch versicherungsrechtliche Intervention gesetzt. Auch für die Einsatzkräfte der Feuerwehr sind diese Entwicklungen sicherlich als vorteilhaft anzusehen.

Fokus der Aufmerksamkeit liegt hierbei – insbesondere bei produzierenden Unternehmen – auf der Absicherung der wirtschaftlichen Folgen eines Ausfalls in Form der Betriebsunterbrechungsversicherung (vgl. Röbisch, 2022). Gerade im Zusammenhang mit schnellen, nur kurzfristig ineinandergreifenden Lieferketten ohne große Pufferlager ist der Ausfall eines Teils der Lieferkette mit Millionen- bzw. Milliardenschäden zu bewerten. Entsprechend verlangen die Versicherungen möglichst umfangreiche Maßnahmen, dass ein Schaden gar nicht erst auftritt oder aber sehr gering gehalten wird. Ziel ist die größtmögliche Stabilität der Lieferketten.

Diese von den Versicherungen eingeforderten Sicherungskonzepte erstrecken sich i. d. R. über:

- die bau- bzw. brandschutztechnische Ausbildung der Gebäude
- logistische Aspekte, z. B. Lagerung an verschiedenen Standorten, kleinteiligere Abtrennung von Brandabschnitten
- die Festlegung von Mindestvorhaltemengen von Produkten bzw. Waren in Pufferlägern

Auch der aktuell spürbare Wandel hinsichtlich der schlechteren Verfügbarkeit von Beschäftigten wirkt sich in diesem Zusammenhang aus, sodass immer mehr automatische und technische Lagersysteme Verwendung finden, die ohne viel Personal betrieben werden können.

All diese Randbedingungen, Einflüsse und ergänzenden Schutzziele sind bei einer heutigen Brandschutzplanung immer mit zu berücksichtigen. Insofern muss auch bei der Bewertung von Batteriespeicheranlagen – egal an welchem Standort und in welchem technischen Zusammenhang – der versicherungsrechtliche Maßstab mit betrachtet werden. Etwas überspitzt formuliert ließe sich bemerken, je weniger bauordnungsrechtliche Vorgaben es gibt, desto größeres Augenmerk muss den versicherungsrechtlichen Belangen gelten.

2.6 Arbeitsschutz

Die Thematik des Arbeitsschutzes gilt für den gesamten betrieblich-gewerblichen Bereich sowie für Privatbelange.

Das oberste Schutzziel auf Grundlage des Grundgesetzes (Art. 2 Abs. 2 Satz 1 GG) ist die körperliche Unversehrtheit von beruflich arbeitenden Personen (§ 1 ArbSchG).

Die übliche Aufteilung in staatliche Arbeitsschutzorgane wie Gewerbeaufsicht, Unfallkassen, Bundesanstalt für Arbeitsschutz sowie Arbeitsmedizin (BAuA) und quasi private bzw. arbeitgeberfinanzierte Arbeitsschutzorgane wie die DGUV mit ihren Schwester-Berufsgenossenschaften sowie weitere Unfallversicherungsträger sorgen mit Präventionsvorgaben für einen möglichst unfallfreien Betrieb.

Grundlage jedweder betrieblichen sicheren Handlung bildet die Gefährdungsbeurteilung (§ 5 ArbSchG). Anhand dieser Beurteilung nach dem sog. STOP-Prinzip (Substitution – Entfernen der Gefahrenquelle – Technische Maßnahmen – Organisatorische Maßnahmen – Personelle Maßnahmen) soll der verantwortliche Unternehmer bzw. Arbeitgeber dafür Sorge tragen, dass kein Unfall passiert. Wie die Erfahrung zeigt, liegen solche Gefährdungsbeurteilungen nicht in jedem Unternehmen oder in jeder Organisation so vor, wie es erforderlich wäre.

In Bezug auf die elektrotechnischen und brandschutztechnischen Gefahren und Gefährdungen von Batteriespeichern sowie von anderen batteriebetriebenen Produkten existiert anwendungsbezogen eine Vielzahl von übergreifenden Rechtsvorschriften des Arbeitsstättenrechts (Arbeitsstättenverordnung (ArbStättV); ArbSchG; ASiG).

Abb. 2.3: Im gewerblichen Bereich sind sog. Power-Tools aus dem täglichen Leben nicht mehr wegzudenken. Bei unsachgemäßem Transport, Handling oder Laden entstehen Brandgefahren, die es bei der Gefährdungsbeurteilung zu berücksichtigen gilt. (Foto: © istock.com/Nina Russkova)

So gilt auch an dieser Stelle: Nur, weil im landesbezogenen Bauordnungsrecht nicht oder nur wenig zum Brandschutz und damit zur Sicherheit von Batterieanlagen steht, heißt dies nicht, dass nichts zu beachten wäre.

Grundsätzlich gilt aus arbeitsstättenrechtlicher Sicht, dass bei allen Energiespeichern, die direkt von Personen benutzt werden können (Consumerprodukte, Power-Tools usw.), die herstellereigenen Sicherheits- und Wartungsanweisungen zu beachten und zu befolgen sind. Eine Dokumentation mittels Betriebsanweisung und vorangestellt der entsprechenden Gefährdungsbeurteilung wird vorausgesetzt. Bei stationären Energiespeichern handelt es sich entweder um Anlagen, die ohnehin nur durch elektrotechnisch spezifisch ausgebildetes Fachpersonal begangen werden dürfen (ähnlich bzw. vergleichbar mit Trafoanlagen), oder um kleinere Anlagen. Diese sind möglichst ebenfalls in Räumen bzw. abgetrennten Bereichen so aufzustellen, dass unbefugte Personen nicht mit ihnen in Kontakt kommen. Auch bei solchen Anlagen gelten die herstellerbezogenen und die spezifischen elektrotechnischen Sicherheitsanweisungen.

Insbesondere beim Transport und beim Umgang (z. B. Laden) mit kleineren Batterieeinheiten (z. B. bei sog. Power-Tools im handwerklichen Bereich) gibt es Vorgaben zum Schutz der Nutzenden – und auch technische Möglichkeiten zur Gefahrenminimierung (z. B. Brandschutz-Ladeschränke).

Bei im Alltag oft verwendeten Produkten ist die Gefahr hoch, dass Probleme mit den Akkumulatoren nicht früh genug erkannt werden. Die Akkutechnologie ist seit mehr als 30 Jahren auf dem Markt etabliert und nahezu jede

Person ist im Umgang damit geübt. Dass in den letzten Jahren insbesondere Lithium-basierte Batterien auf dem Vormarsch sind, mag zwar bekannt sein; der Umgang mit diesen Batterien bzw. vor allem der Umgang mit havarierten Lithium-Ionen-Batterien ist allerdings eher selten vertraut und auch die Besonderheiten sind weniger oft bekannt.

Insofern sind – allen voran bei den Gefährdungsbeurteilungen – die arbeitsstättenrechtlichen Betriebsanweisungen auf diese Besonderheiten hin zu aktualisieren bzw. zu erstellen. Ein Blick in die herstellerbezogenen Betriebsanleitungen und Wartungshinweise lässt dabei durchaus die Frage aufkommen, ob die Akkus überhaupt unter „normalen" Umständen benutzt und transportiert werden dürften.

Praxistipp

Hinsichtlich Lithium-Ionen-Batterien ist aus haftungsrechtlichen, versicherungstechnischen und arbeitsstättenrechtlichen Gründen dringend anzuraten, die Betriebsanweisungen und betrieblichen Dokumentationen zu prüfen und bei Bedarf zu aktualisieren. Dies betrifft:

- Erwerb
- Verwendung
- Transport
- Ladevorgänge

Vor allem bei Ladevorgängen ohne Aufsicht und ohne eventuelle Schutzmaßnahmen, wie brandschutztechnisch gekapselte Räume oder entsprechende Betriebsmittel (z. B. Ladeschränke), kann es im Brandfall zu erheblichen Problemen mit dem Schadensausgleich kommen. Auch der Transport in Fahrzeugen – im bisherigen Normalfall durch private oder gewerbliche Endanwender sicherlich ohne spezialisierte Verpackungen – kann zu Problemen führen.

Gewerblich-industrielle Transporte der Batterien in Originalverpackung (also von den Herstellenden zu den Bestellenden, z. B. Großhandel, Einzelhandel) sind stark reglementiert. Diese Transporte sind – ähnlich wie Gefahrguttransporte – nachvollziehbar dokumentiert und die Gefahrenübergänge entsprechend geregelt und erprobt. Der Transport durch die Endanwender dagegen ist zwar formal in der herstellereigenen Gebrauchsanweisung beschrieben, in der üblichen Praxis jedoch eher weniger gut geschützt.

3 Rechtliche Grundlagen

Beim Thema Elektrospeichersysteme prallen einschlägige, teilweise gegensätzliche, für sich genommen gesonderte Rechtsgebiete aufeinander. Aus rein brandschutztechnischer Sicht kommt das Bauplanungsrecht mit dem Bauordnungsrecht (insbesondere Regelungen von Bundesbauministerium, Landesbauministerien, Landkreisen, Kommunen, Gemeinden) im Schulterschluss mit dem Feuerwehrwesen (insbesondere innergesetzliche Regelungen von Bundesinnenministerium, Landesinnenministerien, Landkreisen, Kommunen, Gemeinden) zusammen. Bereits hieraus ergeben sich naturgemäß verschiedenartige Perspektiven. Bauordnungsrechtlich zielen die Regelungen auf den vorbeugenden Brandschutz ab, feuerwehrtechnisch auf Regelungen des abwehrenden Brandschutzes, also wenn es bereits zu brennen begonnen hat. Allein diese Konstellation zeigt auch im Bereich der Energiespeicher erhebliche Unterschiede hinsichtlich der brandschutzrelevanten Denk- und Herangehensweisen.

Die vorgenannten, eher klassischen und bekannten Brandschutzspektren (einschließlich europäisches Bauproduktenrecht) treffen nunmehr auf elektrotechnische und insbesondere herstellerspezifische Belange. Dies trifft dem Grunde nach auf jeden Brandfall zu, denn in den bauordnungsrechtlich geregelten Nutzungseinheiten eines Gebäudes befinden sich immer auch Gegenstände, die nach anderen Regelungen hergestellt und in Verkehr gebracht wurden. Der Unterschied besteht nunmehr darin, dass es sich im Bereich der Elektrospeichersysteme nicht mehr um kleinere, überschaubare Gegenstände handelt, die abbrennen könnten, sondern häufig um vergleichsweise große Produkte mit erheblichen Energiemengen auf kompaktem Raum.

Das Bauordnungsrecht beschäftigt sich fast schon traditionell vor allem mit baustoff- und bauteilrelevanten Aspekten und ist lediglich in stark begrenzter Form um elektrotechnisch relevante Vorgaben bemüht. Daher fehlen zum Teil (gesetzliche) Regelungen für Elektrospeichersysteme, elektrische Fahrzeuge usw. Ausgehend von der retrospektiven Sichtweise des Bauordnungsrechts, verbunden mit dem rechtsstaatlichen Grundsatz, wonach zunächst alles erlaubt, was nicht verboten ist (und nicht andersherum), erscheint dies zunächst auch sinnvoll.

Da davon auszugehen ist, dass Elektrospeichersysteme, wie auch -fahrzeuge, grundlegende hersteller- und sicherheitsrelevante Systeme aufweisen (müssen), kann und muss aus Sicht des Bauordnungsrechts zunächst davon ausgegangen werden, dass sich diese neuen Produkte in die bestehende Gesamtsystematik eingliedern. So dürfen E-PKW selbstverständlich auch

Abb. 3.1: Das Planen ohne konkrete Rechtsvorschrift ist mit Risiken verbunden – bei schutzzielorientiertem Herangehen und bei Vorabstimmung mit allen Genehmigungsinstanzen sind zielführende Planungen jedoch möglich. (Foto: © istock.com/Ashi Sae Yang)

in bestehende Garagen nach den Garagenverordnungen (vgl. M-GarVO) der Länder eingestellt werden. Gleichermaßen lassen sich freistehende Elektrospeichersysteme durchaus als bauliche Anlagen ohne Aufenthaltsräume mit Sicherheitsabständen und Abstandsflächen nach bestehenden (Landes-)Bauordnungen einordnen. Auch Speichersysteme in Gebäuden könnten – als elektrotechnische Anlagen betrachtet – unter Heranziehung der MEltBauV ohne Weiteres errichtet werden.

Verunsicherungen, vor allem hinsichtlich der Zuständigkeiten, traten und treten zumeist immer dann auf, wenn teils dramatische Brandfälle, auch medial befördert, auf noch nicht bekannte oder erprobte Löscheinsatzszenarien treffen.

Ausgehend von den in Kapitel 2 vorgestellten Stakeholdern ist eine Unterscheidung zwischen der konkreten Nutzung und den konkret Anwendenden von Elektrospeichersystemen vorzunehmen. Im Wesentlichen dienen die nachstehenden Erläuterungen bauaufsichtlich relevanten, zu prüfenden und zu genehmigenden baulichen Anlagen und/oder Nutzungsänderungen. Für verfahrensfreie bzw. generell für nicht bauaufsichtlich erfassbare Belange (z. B. Errichtung einer Photovoltaikanlage mit Homespeicher in/auf einem freistehenden Einfamilienhaus der Gebäudeklasse 1) ist es, wie bereits dargestellt, schwierig bis unmöglich, ein regulierendes Eingreifen durchzusetzen.

3.1 Bauordnungsrechtliche Herangehensweise

Nachfolgende Erläuterungen basieren auf der aktuellen Fassung der Musterbauordnung (MBO). Es wird als bekannt vorausgesetzt, dass jedes Bundesland eine eigene, ggf. in Einzelfällen abweichende, rechtskräftige Landesbauordnung als Bewertungsgrundlage hat. Ebenso sind länderspezifische Sonderbauverordnungen, -richtlinien usw. vorhanden, auf deren Grundlage bautechnische Nachweise zu erstellen sind.

Da Energiespeicheranlagen in unterschiedlichsten Anordnungs- und Aufstellungskonstellationen vorkommen, unterscheidet sich auch das jeweilige bauordnungsrechtliche Verfahren. Allen gleich ist, dass derzeit bei Errichtung eines Elektrospeichersystems (gebäudeintern oder gebäudeextern) ein Genehmigungsverfahren erforderlich ist. Hierzu ein Auszug aus der MBO:

„§ 59 MBO Grundsatz

(1) Die Errichtung, Änderung und Nutzungsänderung von Anlagen bedürfen der Baugenehmigung, soweit in den §§ 60 bis 62, 76 und 77 nichts anderes bestimmt ist.

(2) Die Genehmigungsfreiheit nach Absatz 1, den §§ 60 bis 62, 76 und 77 Abs. 1 Satz 3 sowie die Beschränkung der bauaufsichtlichen Prüfung nach § § 63, 64, 66 Abs. 4 und 77 Abs. 3 entbinden nicht von der Verpflichtung zur Einhaltung der Anforderungen, die durch öffentlich-rechtliche Vorschriften an Anlagen gestellt werden, und lassen die bauaufsichtlichen Eingriffsbefugnisse unberührt.“

Industrielle Energiespeichersysteme werden i. d. R. im Genehmigungsverfahren (§ 64 MBO) bewertet. Vereinfachte Genehmigungsverfahren (§ 63 MBO) oder gar eine Verfahrensfreiheit (§ 61 MBO) sind derzeit nicht erkennbar. Derzeit bedeutet, es könnte zukünftig durchaus möglich sein, dass im Rahmen eines B-Plan-Verfahrens nach Baugesetzbuch (BauGB) Anlagen im Außenbereich – beispielsweise eine freistehende Energiespeicheranlage ohne Einordnung als Sonderbau – ein vereinfachtes Genehmigungsverfahren durchlaufen können.

Eine Besonderheit bilden kleine Energiespeicher im Privatbereich. Aufgrund der Einordnung der Errichtung, Erneuerung bzw. Instandhaltung von technischer Gebäudeausrüstung als verfahrensfreie Baumaßnahme (§ 61 Abs. 1 Nr. 2 MBO) i. V. m. der Verfahrensfreiheit von Anlagen für Erneuerbare Energien (Solar und Photovoltaik) nach § 61 Abs. 1 Nr. 3 MBO sind aktuelle Kleinspeicher (Homespeicher von insgesamt nicht mehr als 20 kWh (§ 1 Abs. 2 Nr. 3 MEltBauV)) nicht von bauordnungsrechtlichen Verfahren erfasst. Hinzu kommt, dass es zum aktuellen Zeitpunkt auch keine geregelte Datenschnittstelle zwischen Marktstammdatenregister bzw. Energieversorgungsunternehmen und Unteren Bauaufsichtsbehörden und/oder Sicherheitsorganen wie der Feuerwehr in Bezug auf den Standort von Batteriespeicheranlagen gibt. So ist aus bauordnungsrechtlich-sicherheitstechnischer Sicht faktisch niemandem außer den Eigentümern selbst bekannt, wo welche Energiespeicher im privaten Wohnumfeld stehen – insbesondere dann nicht, wenn die (Bau-)Maßnahme im Bestand realisiert wird.

Bei Neubauvorhaben mit Genehmigungspflicht (z. B. Wohngebäude der Gebäudeklasse 4 und 5) und der zum Bauantragszeitraum bereits bekannten Installation von Speicheranlagen ist es hingegen möglich, planerisch oder ggf. genehmigungstechnisch einzugreifen und relevante Sicherheitsmaßnahmen vorzusehen.

Die nächste Einordnungsfrage – nach der Bestimmung, welches Rechtsverfahren erforderlich ist – ist die Einordnung in eine Gebäudeklasse und hiernach die Frage, ob es sich bei dem Bauvorhaben um einen Sonderbau handelt oder nicht.

Zur Gebäudeklasseneinordnung nach § 2 Abs. 3 MBO ist es hier ebenso von Bedeutung, ob es sich um eine Anlage in einem Gebäude oder eine eigene, separat stehende Anlage handelt. Bei Anlagen innerhalb von Gebäuden ist die Gebäudeklasse des eigentlichen Gebäudes maßgebend. Bei separat stehenden Anlagen ist ggf. eine eigene Gebäudeklasseneinordnung erforderlich. Es gibt auch bei solchen Anlagen bauordnungsrechtliche Herangehensweisen, selbst bei einer freistehenden Aufstellung aufgrund der technologisch-funktionalen Verknüpfung bzw. Zuordnung zu einem Gebäude die Gebäudeklasseneinordnung nach dem (Haupt-)Gebäude vorzunehmen. Dieser formal durchaus zulässige Weg ist insbesondere für das einzuordnende Genehmigungsverfahren wichtig, weniger für die baukonstruktive Auslegung der Bauteile bzw. Baustoffe für die Anlage(n); hier wären dann ggf. Abweichungen von den konstruktiven Anforderungen erforderlich und möglich.

Weitergehend ist ebenso von Relevanz, ob ein Sonderbautatbestand vorliegt. Dabei gilt: Für den Fall, dass die Anlage unmittelbar mit einem Gebäude im Zusammenhang steht, für das eine Sonderbaueinstufung vorliegt, ist auch die Energiespeicheranlage als (weiterführender) Sonderbau zu bewerten, auch wenn eine konkrete Sonderbauvorschrift/-richtlinie derzeit nicht vorliegt.

Für die Errichtung von Batteriespeicherkraftwerken, Batteriefarmen, Greenfield-Anlagen und Freianlagen zeigt die Praxis (siehe Kapitel 4.3.1), dass i. d. R. eine Einordnung als ungeregelter Sonderbau (§ 2 Abs. 4 Nr. 20 MBO) erforderlich ist, da solche Anlagen nicht dem regeltypischen Wohn- und Geschäftshaus (Regelbau/Nicht-Sonderbau nach MBO) entsprechen – diese Einordnung ist aufgrund der technischen Überwachung und der bestimmungsgemäßen Nicht-Anwesenheit von Personen durchaus nachvollziehbar. Ebenso weichen solche Anlagen von typischen geregelten Sonderbauten ab, sodass der Auffangtatbestand heranzuziehen ist. Dazu heißt es seitens der Fachkommission Bauaufsicht – Arbeitskreis TGA in der „Synopse mit Darstellung und Begründung der Änderungen gegenüber der Vorgängerfassung Januar 2009“ vom 26. Mai 2021, die die alte (2009) und die neue (2022) Elektrobauverordnung vergleicht: *„§ 2 Abs 4 Nr. 20 MBO – Räume, deren Nutzung mit vergleichbaren Gefahren verbunden sind – wird als Rechtsgrundlage für die ergänzte Regelung* [der MEltBauV 2022; Anm. d. Verf.] *angesehen.“*

Die Einordnung als ungeregelter Sonderbau ermöglicht neben den formalen Genehmigungsverfahren vor allem die Mitbestimmung der Feuerwehren bzw. Brandschutzdienststellen mit Blick auf den erforderlichen Brandschutznachweis und lässt im formalen Sinn Erleichterungen nach § 51 Satz 2 MBO hinsichtlich der Anforderungen der Regelungen der MBO zu. Dies betrifft neben der baukonstruktiven bzw. baustofflichen Ausbildung (§§ 26 bis 32 MBO) auch die Abstandsregelungen (§ 6 MBO) usw.

Alternative Überlegungen

Denkbar ist indes auch, die freistehenden Energiespeicheranlagen nicht als Sonderbau zu bewerten. In diesem Fall bleibt zunächst die Feststellung, dass es sich um bauliche Anlagen (§ 2 MBO) handelt. Die Aufstellbehälter bzw. Container usw., in denen die Batteriespeicher selbst und auch die Verschaltungen untergebracht sind, als Gebäude einzuordnen, ist eher auszuschließen. Sofern es sich beim Aufstellort tatsächlich um eigenständige Gebäude handelt, in denen die Anlagen aufgebaut sind, gelten zunächst die Anforderungen entsprechend der Gebäudeklasse. Anzumerken ist auch hier, dass die MEltBauV gemäß § 1 Abs. 2 Nr. 1 nicht anzuwenden ist bei der „*Aufstellung der in Abs. 1 Nr. 1 und 2 genannten elektrischen Anlagen sowie der Energiespeichersysteme nach Satz 2 in […] ausschließlich zu diesem Zweck genutzten freistehenden Gebäuden oder […] durch Brandwände abgetrennten Gebäudeteilen.*"

Demnach stellte sich auch hier die Frage, ob es sich überhaupt um ein Gebäude nach MBO handelt, selbst wenn die Batterieanlage als „Sache" (vgl. § 2 Abs. 2 MBO), die in Gebäuden untergebracht ist, bezeichnet würde.

Ähnlich wie die Regelungen für Windenergieanlagen – die mit der neuen MBO 2025 nicht mehr nach den technischen Regeln der MBO zu bewerten sind – könnte die Gesetzgebung zumindest die freistehenden Energiespeicheranlagen auch ganz oder teilweise aus den technischen Vorgaben der MBO herausnehmen. Dann wäre auch der Sonderbautatbestand obsolet.

Hinzuweisen ist in diesem Zusammenhang darauf, dass es bei einer Nicht-Einordnung als Sonderbau derzeit zu brandschutztechnisch bedenklichen Szenarien kommen könnte, wenn ein freistehendes Gebäude bzw. ein Aufstellraum / eine bauliche Anlage mit nicht mehr als 50 m^3 und nicht mehr als 3 m Gebäudehöhe an einer Grundstücksgrenze aufgestellt würde. Näheres dazu in Kapitel 3.2.1.

3.2 Brandschutztechnische Herangehensweise

Nicht selten ist die brandschutztechnische Bewertung eines Sachverhalts vorzunehmen, bei dem in technischer Hinsicht (noch) keine gesicherte Rechtslage gegeben ist und auch noch keine ausreichend gesicherten Erkenntnisse zu Brandaus- und -einwirkungen vorliegen. Zwar werden seit mehreren Jahren dokumentierte Brandversuche durchgeführt, diese finden jedoch – ausgehend von einer bewusst verwendeten externen Zündquelle – immer nur im kleinen Maßstab bzw. teilweise unter Laborbedingungen statt. Größere, sog. Large-Scale-Fire-Tests gibt es erst seit wenigen Jahren, sodass reproduzierbare Ergebnisse hier noch nicht verlässlich vorliegen (vgl. Kapitel 1.2).

Ein grundsätzlich guter Ansatz im Ingenieurwesen ist ein Abgleich bzw. ein Analogieschluss mit bereits bestehenden Regelwerken und Technologien. So sind hinsichtlich der hier thematisierten Elektrospeichersysteme einerseits Analogieschlüsse mit elektrotechnischen Anlagen und Regelwerken sinnvoll, andererseits mit Gefahrstoffanlagen mit entsprechenden Regelwerken. Die elektrotechnische Herangehensweise sieht (Sicherheits-)Abstände und Schutzkomponenten vor; bei in Gebäuden angeordneten Elektrogroßanlagen auch mit feuerwiderstandsfähigen Bauteilen und natürlich aus nichtbrennbaren Baustoffen. Die gefahrstoffrechtliche Herangehensweise sieht ebenso Sicherheitsabstände vor und ergänzt die Feuerwiderstandsanforderungen auch mit anlagentechnischen Maßnahmen wie Branddetektion und ggf. Löschtechnik.

Auf dieser Basis lässt sich eine erste Bewertung durchaus vornehmen. Durch eine weiterführende Betrachtung der konkreten Aufstellung der Energiespeichersysteme bzw. der konkreten Verwendung der Batterietechnologien (wie E-Fahrzeuge usw.) sind darüber hinausgehende differenzierende Aussagen und Bewertungen möglich. Beispielsweise ist eine freistehende Batteriespeicheranlage im nichtbrennbaren Container mit deutlichem Abstand zu anderen Gebäuden relativ einfach aufstellbar, weil sich dort auch keine Aufenthaltsräume und damit auch keine Personen befinden. Anders sind sicherlich Speicheranlagen **in** Gebäuden zu bewerten, Gleiches gilt für Logistikgebäude zur Lagerung von Batterien. Die Situation für E-PKW in Garagen wiederum stellt sich bisher recht einfach dar: Derzeit gibt es gemäß M-GarVO keinerlei (brandschutz-)rechtliche Einschränkungen für das Abstellen von E-Fahrzeugen in Garagen; auch deshalb nicht, weil durch bundesgesetzliche Regelungen (siehe Gebäude-Elektromobilitätsinfrastruktur-Gesetz (GEIG)) eine Vorschrift zur Errichtung bzw. Vorhaltung von Ladeinfrastruktur in/an Gebäuden existiert (vgl. Kapitel 4.2).

Auffällig ist die – zumindest in der Anfangsphase – quasi Gleichsetzung aller batterierelevanten Belange und Ereignisse; dies betrifft vor allem Batterien auf Lithium-Ionen-Basis. Es gab und gibt immer wieder Brandereignisse mit Batteriebeteiligung. Die jeweiligen Ursachen sind äußerst unterschiedlich und auf verschiedenste Konstellationen zurückzuführen (vgl. Kapitel 1.2). Bekannt ist, dass technologiebedingte Ursachen in der Zellstruktur liegen können (vor allem der sog. Thermal Runaway – thermisches Durchgehen). Ebenso bekannt sind Ursachen aus mechanisch-physikalischen Einwirkungen auf Batterien (äußere Zellzerstörung) und natürlich immer auch Auswirkungen aus unsachgemäßem Gebrauch (Manipulation an Batterien, Anschlüssen usw.).

Allerdings verhalten sich nicht alle Batterien gleich, nicht alle Brände haben gleiche, nachvollziehbare Brandabläufe. Hier ist auf die bereits in Kapitel 1 erwähnten Forschungen zu verweisen. Es gibt z. B. eine Vielzahl von Bränden bei Fahrzeugen mit E-Antrieb, bei denen die Batterie nicht Ursache war bzw. nicht am Brand beteiligt war. Auch ist eine generelle Vermischung oder Gleichsetzung von Ereignissen mit Batteriebeteiligung nicht richtig. So ist es ein erheblicher Unterschied im Gefahrenszenario, ob ein mobiler Hochvoltspeicher in einem Fahrzeug zu bewerten ist oder (ggf. der gleiche) Hochvoltspeicher in einem stationären Batteriespeichersystem. Hier wiederum ist es auch entscheidend, ob es sich um Batteriespeicheranlagen mit sog. Second-Life- bzw. Second-Use-Batterien (also gebrauchte Batterien aus Fahrzeugen mit vielen vollzogenen Ladezyklen, vgl. Kapitel 1.1) handelt oder um Anlagen mit werksneuen Batterien. Zudem ist festzustellen, dass es keine unmittelbare Aussage darüber gibt, ob neue Batterien besser oder ungefährlicher sind als gebrauchte Batterien – und umgekehrt. Es ist anzunehmen, dass es genau dieser nicht greifbare Unsicherheitsfaktor ist, der die innere Brandgefahr, d. h. die Selbstentzündung aus der Batterie heraus, ohne externe Quelle, nicht ausschließen lässt.

Bei der Betrachtung und Bewertung von Anlagen mit Batterien ist zunächst festzustellen, dass die Brandlast (Energiemasse) und die Zündquelle gemeinsam in einem Gehäuse untergebracht sind (siehe Kapitel 1.2). Da Sauerstoff, der dritte Bestandteil des bekannten Verbrennungsdreiecks, beim Brand von Lithium-Ionen-Batterien nicht zwingend zur Verbrennung erforderlich ist (da er teilweise bereits im System gebunden ist), verkehrt sich im Grunde genommen die bisherige Herangehensweise, wie sie aus den Feststoffbränden – und der darauf aufbauenden bauordnungsrechtlichen Systematik – bekannt ist.

Hieraus folgend ist daher ein Analogieschluss mit bzw. ein Blick zu den Technischen Regeln für Gefahrstoffe (TRGS, siehe BAuA) – zumindest in der aktuell noch unsicheren Situation – nachvollziehbar und durchaus geboten, die eine Vielzahl von Bewertungen zu brennbaren, brandfördernden, explosiven, giftigen, festen, flüssigen, gasförmigen Stoffen usw. beinhalten.

Im Zusammenhang mit der Thematik der Löschwasserrückhaltung waren in der Praxis anfänglich häufig Aussagen anzutreffen, wonach **keine** nachweisliche Einstufung von Großbatterien bzw. Hochvoltspeichern in eine Wassergefährdungsklasse automatisch die Einstufung in die **höchste** Wassergefährdungsklasse bedeute. Das käme durchaus einer Rechtsumkehr der bisherigen technischen Betrachtungsweise gleich. Auch im Bauwesen sollte im Zweifel für, nicht gegen die Sache entschieden werden. Sicherlich ist das hohe Schutzgut des Umweltschutzes und damit der Besorgnisgrundsatz nach Wasserhaushaltsgesetz (WHG) wichtig und richtig, aber ein genereller negativer Ansatz birgt immer die Gefahr, schnell zu einer Verhinderung oder Sperre neuer Technologien zu führen.

Festzuhalten bleibt an dieser Stelle, dass das Ergebnis einer brandschutztechnischen Bewertung bzw. die daraus ableitbaren konstruktiven und technischen Maßnahmen durchaus größere Aufwendungen nach sich ziehen können. Derweil ist erneut zu betonen, dass bei der Bewertung unterschiedlicher Technologien und Produkte grundsätzlich eine sorgfältige Differenzierung gefragt ist. Jedes Produkt, jede Technologie hat eigene, teils stark unterschiedliche Gefährdungspotenziale, die in Gänze darzustellen zum aktuellen Zeitpunkt aufgrund fehlender Datenlage noch nicht möglich ist.

3.2.1 Bautechnischer Brandschutz

Das klassische Bauordnungsrecht, historisch gewachsen, basiert im Hinblick auf die Festlegungen zur Brennbarkeit von Baustoffen und zum Feuerwiderstand von Bauteilen auf Verbrennungen von Feststoffen. Als definierte Prüfkurve wurde die Einheitstemperaturzeitkurve (ETK) festgelegt (vgl. DIN 4102-1 „Brandverhalten von Baustoffen und Bauteilen – Teil 1: Baustoffe; Begriffe, Anforderungen und Prüfungen" (1998)). Für Flüssigkeits- bzw. Gasbrände sind andere Prüfkurven maßgebend. Zudem werden im Bauordnungsrecht bzw. mit den entsprechenden Vorgaben Explosionsgefahren und weitergehende Gefahren nicht bewertet, diese sind dort also nicht geregelt.

Das heißt umgekehrt, alle Gebäudenutzungen, die sich auf die Grundsätze des klassischen Bauordnungsrechts beziehen, sind durch die Festlegungen der Landesbauordnungen, ggf. i. V. m. Sonderbauvorschriften/-richtlinien, mit den erkennbaren Gefahren und -auswirkungen umfassend bzw. ausreichend lang abgedeckt.

Im Zusammenhang mit Batteriespeicheranlagen und anderen Nutzungen mit Batteriebezug gilt es zu prüfen, ob die Feuerwiderstandsanforderungen ausreichend sind oder ob andere, weitergehende Forderungen relevant werden. Die grundsätzlichen Gefahren von Batteriebränden und/oder elektrotechnische Gefahren sind seit mehreren Jahrzehnten bekannt und daher in der MEltBauV geregelt. Hierbei wird ein Feuerwiderstand von mindestens 30 Minuten (bzw. entsprechend den Anforderungen an tragende und aussteifende Bauteile gemäß der Gebäudeklasse) i. V. m. der Verwendung nichtbrennbarer Bauprodukte für ausreichend erachtet (§ 8 MEltBauV) – dies gilt für den Anwendungsfall **in** Gebäuden. Ergänzend sind elektrotechnisch relevante Vorgaben aus DIN- bzw. VDE-Regelungen hinsichtlich einer möglichen Druckentlastung für den Explosionsfall abzuleiten.

Derzeit ist nicht erkennbar, dass weitergehende bzw. höhere Anforderungen aus gesetzlichen Regelungen zu erwarten sind. Jedoch ist gleichermaßen auch nicht mit Erleichterungen bzw. geringeren Anforderungen als bisher zu rechnen.

Konkret bedeutet dies, dass beim Einbau von Elektrospeicheranlagen in oder direkt an Gebäuden ein mindestens 30-minütiger Feuerwiderstand erforderlich ist, sofern gebäudeklassenabhängig nicht bereits 60 oder 90 Minuten als Anforderung gestellt werden. Baustoffe müssen aus nichtbrennbaren Materialien bestehen. Die Verwendung von nichtbrennbaren Materialien – woraus sich ableiten lässt, dass (Massiv-)Holzbauteile für raumabschließende Bauteile bei Aufstellräumen von Batteriespeicheranlagen nicht verwendet werden dürfen – ist unerlässlich, da die Brandphänomene bei Batteriebränden offene Holzbauteile abweichend von der Normbrandkurve (ETK) schädigen und insbesondere die Fugenanschlüsse für explosionsartige Beanspruchungen derzeit nicht geprüft sind.

Für den nicht bestimmungsgemäßen Fall eines Brandes soll der Brand demnach aus dem Aufstellraum heraus nicht weitergeleitet werden. Ebenso soll der Aufstellraum selbst vor einem Brandereignis außerhalb dieses Raumes geschützt werden (§ 3 Satz 3 MEltBauV). Der bekannte Fall von explosionsähnlichen Phänomenen beim Brand von Lithium-Ionen-Batterien sowie die Entstehung von brennbaren Gasen im Vorfeld des Brandes (sog. Venting-Gase) bedingt in jedem Fall auch eine ausreichende Be- und Entlüftung sowie eine Druckentlastungsöffnung (vgl. BVES, 2025, S. 43).

Die Anordnung von Batteriespeicheranlagen innerhalb von ansonsten anders genutzten Gebäuden ist daher nicht trivial und nur unter Beachtung der konkreten Anordnung im Gebäude – z. B. Räume mit Außenwandanbindung, angrenzende Öffnungen des Gebäudes usw. – sicher planbar. Auch sollte, zumindest im Hinblick auf Batterien mit Lithium-Basis, auch der häufig anzutreffende Standort von Anlagentechnik in Untergeschossen kritisch hinterfragt werden (siehe dazu auch § 5 Abs. 4 MEltBauV). Sicherlich ist die Anordnung von Batteriespeicheranlagen im Erdgeschoss keinesfalls ideal, da es sich im Allgemeinen um die Premiumflächen innerhalb eines Gebäudes handelt, jedoch ist eine diesbezügliche Überlegung aus brandschutztechnischer Sicht durchaus sinnvoll. So sind auch für den Feuerwehreinsatz gut erreichbare Standorte deutlich von Vorteil. Darüber hinaus gilt, dass der Aufstellort sich grundsätzlich möglichst weit entfernt von Flucht- und Rettungswegen befinden sollte.

Dem Grunde nach lagen bereits mit Erscheinen der ersten Elektrobauverordnungen für die Planung von Räumen für sicherheitsrelevante Batterieanlagen (hier: Zentralbatterieanlagen für sicherheitstechnische Anforderungen, also noch keine Energiespeicher wie sie heute Anwendung finden) immer schon entsprechende Vorgaben für die Anordnung sowie Anforderungen vor. Diese Anforderungen wurden zuletzt reduziert, weil – so die Gremienmeinung – die Gefährdungen aus den konkreten Zentralbatterieanlagen nicht mehr in dem Umfang gegeben sind, wie sie früher ableitbar waren. Früher wurden tatsächlich Batteriesysteme verwendet (z. B. offene Flüssigkeitsbatterien), bei denen das Risiko eines gefährlichen Ausgasens bestand und auch ein Abdichtungs-/Rückhaltesystem des Aufstellraumes erforderlich war. Da sich aufgrund der Batterieentwicklungen der letzten Jahre, zunächst unabhängig von Lithium-basierten Batterien, derartige Probleme nicht mehr zeigten, wurden die Anforderungen entsprechend modifiziert. Bei dezentralen Sicherheitsbatterieanlagen (sog. Gruppen- oder Einzelbatterien) indes gab und gibt es nach wie vor keine besonderen brandschutztechnischen Anforderungen (vgl. § 1 Abs. 2 Nr. 2 MEltBauV).

Praxistipp

Es empfiehlt sich, bei der Aufstellung von Batteriespeicheranlagen möglichst einen Standort außerhalb des Gebäudes zu wählen. Sobald der Standort in/an den Nachbargrenzen liegt, sind auch wieder brandschutztechnische Abtrennungen bzw. Abstände zu planen. Eine freistehende Aufstellung ohne besonderen Schutz in einem Abstand von nur 2,50 m (vgl. § 30 Abs. 2 Nr. 1 MBO) ist aus fachlicher Sicht nicht als ausreichend zu bewerten.

Erwähnenswert an dieser Stelle ist § 6 Abs. 8 Nr. 1 MBO, wonach Gebäude ohne Aufenthaltsräume und ohne Feuerstätten (dies träfe auf eigene bauliche Anlagen für Batterien zu) mit einer mittleren Wandhöhe bis zu 3 m und

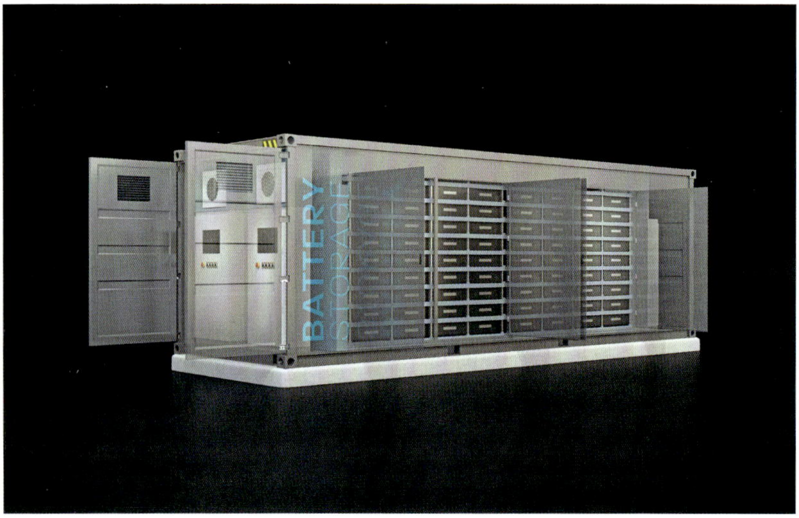

Abb. 3.2: Freistehende Batteriespeicheranlagen sind keine Gebäude, sondern bauliche Anlagen. (Foto: © istock.com/Chesky_W)

einer Gesamtlänge je Grundstücksgrenze von 9 m ohne Abstandsflächen errichtet werden dürfen. Ergänzend hinzu kommt die Überlegung, dass nach § 30 Abs. 2 Nr. 1 MBO Gebäude ohne Aufenthaltsräume und ohne Feuerstätten mit nicht mehr als 50 m^3 Raumkubatur ohne (brandschutztechnische) Gebäudeabschlusswand errichtet werden dürfen. Die sich hieraus ableitenden baulichen Anlagen („Räume" oder „Gebäude") könnten durchaus für Batteriespeichersysteme geeignet sein. Diese Auslegung ist jedoch sicherheitstechnisch dann bedenklich, wenn tatsächlich keine brandschutztechnische Abtrennung – zumindest gegenüber Nachbargrundstücken – geplant wird. Bei Einordnung als (ungeregelter) Sonderbau ließe sich hier wiederum als besondere Anforderung sehr wohl eine entsprechende brandschutztechnische Abgrenzung verlangen bzw. planen.

3.2.2 Anlagentechnischer Brandschutz

Möglichkeiten des anlagentechnischen Brandschutzes gibt es sehr viele. Es bietet sich daher an, zunächst zu differenzieren zwischen Branderkennungstechniken (Detektion), Alarmierungstechniken, Entrauchungstechniken und Löschtechniken. Dabei hat jede Technik ihre spezifischen Anwendungsgrenzen und -bedingungen, und nicht jede Technik ist in jeder Situation von Nutzen.

Ein guter Anhaltspunkt für die Frage, welche konkreten Maßnahmen sich eignen, bietet die Brandverlaufskurve bzw. die Brandphasenkurve aus VDI 3819 Blatt 2 „Brandschutz in der Gebäudetechnik – Funktionen und Wechselwirkungen" (2013) (siehe Abb. 3.3).

So sind in jeder der Brandphasen unterschiedliche anlagentechnische Maßnahmen sinnvoll. Beispielsweise sind in der Schwelbrand- und Entstehungsbrandphase alle Techniken der Brandfrüherkennung (z. B. Rauchmelder,

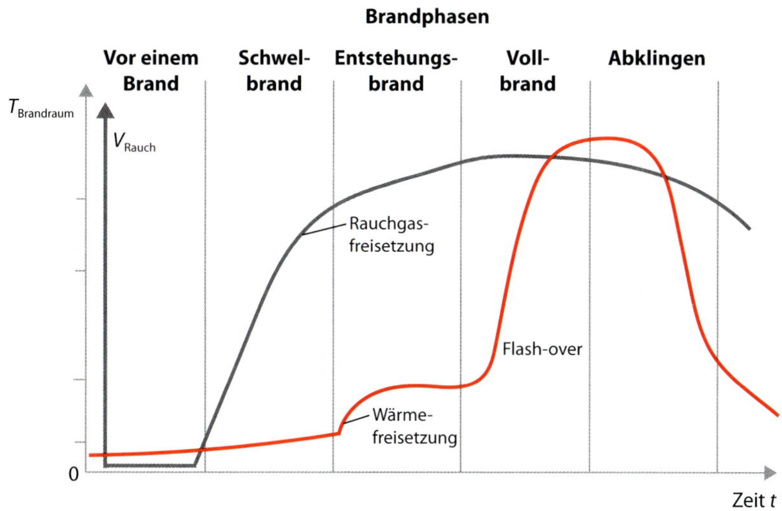

Abb. 3.3: Brandphasenkurve (Nach VDI 3819 Blatt 2 (2013), S. 9)

Rauchansaugsysteme) wirksam, wohingegen Löschanlagen (klassischerweise mit thermischer Auslösung) erst am Ende der Entstehungsbrandphase hin zur Vollbrandphase ansetzen. Rauchfreihaltungsmaßnahmen sind ebenfalls am Anfang eines Brandgeschehens sinnhaft; Rauchableitungsmaßnahmen erst im Rahmen des Feuerwehreinsatzes – also ab der Vollbrand- und der Abklingphase.

Bis auf Sauerstoffreduktionsanlagen sind keine aktiven Anlagentechniken bekannt, die die Entstehung eines Brandes verhindern könnten. In Bezug auf Batteriespeichersysteme ist eine solche Sauerstoff reduzierende Anlage nicht möglich, da sie zwar den Leitungsbrand (Feststoff) behindern könnte, nicht jedoch die Brandentstehung innerhalb der Batteriezelle.

Grundsätzlich eine Betrachtung wert ist die Verhinderung der Ausbreitung eines externen Brandereignisses auf den zu schützenden Bereich. Dabei sind bautechnische Maßnahmen (wie z. B. Trennwände) immer auch hinsichtlich beider Seiten zu bewerten: Wenn es außerhalb des (durch Trennwände) geschützten Bereiches brennt, schützt die Trennwand das Schutzgut; umgekehrt wird die Umgebung geschützt, wenn das Schutzgut selbst in Brand gerät.

Praxistipp

Die Position bzw. der Abstand einer Batteriespeicheranlage von anderen Gebäuden/Technologien bietet die Möglichkeit der Gefahrenminimierung für beide Seiten. Zugleich darf bei freistehenden Anlagen die Gefahr von brennbaren Materialien in unmittelbarer Umgebung (Palettenstapel, hohes Gras, Fahrzeuge) nicht unterschätzt werden.

3.2.2.1 Branderkennungstechniken (Detektion)

Heutzutage existiert eine Vielzahl von technischen Möglichkeiten der Branddetektion. Wird diese indes aus bauordnungsrechtlicher Sicht betrachtet, so wird diese Vielzahl deutlich eingeschränkt. Nur Anlagen, die der Normenreihe DIN EN 54 entsprechen und die nach weiteren Normen wie der DIN 14675 „Brandmeldeanlagen“ (2020) i. V. m. der DIN VDE 0833-2 „Gefahrenmeldeanlagen für Brand, Einbruch und Überfall – Teil 2: Festlegungen für Brandmeldeanlagen“ (2022) geplant werden, entfalten zunächst die Vermutungswirkung, dass sie den bauordnungsrechtlichen Anforderungen entsprechen (vgl. Muster-Verwaltungsvorschrift Technische Baubestimmungen (MVV TB), Anhang 14, Technische Regel Technische Gebäudeausrüstung – TR TGA, Pkt. 2).

Zur Vermutungswirkung heißt es im Glossar von Sicherheitsingenieur.NRW (www.sicherheitsingenieur.nrw):

„Eine technische Regel hat keine Gesetzeskraft, aber sie löst die sogenannte Vermutungswirkung aus. Diese besagt: wer sich an die [in den] Technischen Regelwerke[n] genannten Vorgaben hält, kann davon ausgehen, dass er die (übergeordneten) verpflichtenden Anforderungen erfüllt. In einem Konfliktfall wird das Gericht davon ausgehen (= vermuten), dass ein Betrieb, der sich an die (unverbindlichen) Technischen Regeln gehalten hat, damit auch den (rechtsverbindlichen) Forderungen der Verordnungen oder der Gesetze nachgekommen ist. Wer sich für ein anderes Vorgehen entscheidet und von den Regelwerken abweicht, sollte seine eigenen Lösung nachvollziehbar begründen und dies dokumentieren.“

Wie bereits beschrieben, kann im Grunde keine Technik aktiv die Brandentstehung verhindern – insbesondere wenn es, wie bei Batterieanlagen, im Inneren selbst zu brennen beginnt. Daher ist eine Detektionstechnik wie eine klassische Brandmeldeanlage (BMA), ob mit statischen, optischen Rauchmeldern oder einem Rauchansaugsystem (RAS), letztlich immer zu spät, wenn es um die Brandentstehung geht. Eine brandmeldetechnische Überwachung von Batteriespeicheranlagen ist deshalb nur dann sinnvoll, wenn ihre Aufstellung entweder innerhalb eines ohnehin mit BMA ausgestatteten Gebäude geplant ist oder wenn es aufgrund der Komplexität des Standortes auch für die Einsatzkräfte der Feuerwehr sinnhaft ist zu erkennen, wo genau der Brand ausgebrochen ist.

Weniger sinnvoll ist daher eine klassische BMA bei allein stehenden Freianlagen. Hier genügt auch die Detektion und Lokalisation durch den Systembetreiber über seine Fernüberwachungstechniken. Beim Brandalarm wird das Ereignis an eine Sicherheitszentrale gemeldet. Die dort überwachenden Personen melden den Brand dann bei der zuständigen Einsatzzentrale der Feuerwehr. Eine zeitkritische Komponente ist hier nicht zu sehen, da Freianlagen ohnehin gänzlich ohne Personengefährdung genutzt und Risiken aufgrund von Abständen zu benachbarten Grundstücken und Gebäuden minimiert werden. Außerdem muss – vor allem auch mit Blick auf sog. Täuschungsalarme, also Brandmeldungen ohne tatsächliches Brandereignis – vor dem Vor-Ort-Einsatz der Feuerwehr immer eine elektrotechnisch eingewiesene Sicherheitsfachkraft der Betreibenden beim Betreten der Speicheranlage anwesend sein, um die Situation zu prüfen. Das Betreten dieser Bereiche durch Feuerwehreinsatzkräfte ohne Sicherheitsfachkraft ist nicht angezeigt (vgl. Pkt. 2.2 der AGBF-Empfehlung „Brandschutz in Umspannwerken und vergleichbaren abgeschlossenen elektrischen Betriebsstätten", 2024, S. 2).

Im Falle eines Batteriebrandes – vor allem, wenn der Brand innerhalb des eigenen Systems entsteht – ist die klassische Brandmeldetechnik vergleichsweise träge und langsam. Aus aktuellen Forschungsvorhaben ist bekannt, dass gerade die vor einem sichtbaren Flammenbrand austretenden Venting-Gase schwerer als Luft sind und zu Boden sinken (vgl. Kunkelmann, 2016). Eine dort angebrachte Gas-Sensortechnik wäre hier schutzzielorientiert als brandmeldetechnische Komponente denkbar.

Noch interessanter ist generell in diesem Zusammenhang die Detektion und Dauerüberwachung durch das Batteriemanagementsystem (BMS). Dieses BMS kann im Grunde sogar vorkritische Zustände so überwachen und analysieren, dass ein Brand möglicherweise überhaupt nicht erst entsteht. Defekte Einzelzellen innerhalb einer Gesamtbatterie werden dann quasi abgeschaltet und nehmen nicht mehr aktiv am Lade- und Entladeprozess teil.

Wie die Praxiserfahrung zeigt, wird die enorme Bedeutung eines BMS bei der Prävention aktuell noch deutlich unterschätzt. Aus bauordnungsrechtlicher Sicht, weil ein BMS keine EN-54-Komponente darstellt, aus versicherungsrechtlicher Sicht, weil eine ganzheitliche Industrienorm (und hieran anschließend eine Versicherungsnorm) noch nicht vorhanden ist, und aus Sicht von kritisch Beobachtenden, weil es trotz BMS gelegentlich doch zum Abbrennen von Billigprodukten kommt.

Batteriebrände sind häufig zu komplex, aber auch zu uneindeutig, um beim aktuellen Kenntnisstand klare Aussagen über die Ursachen treffen zu können. Was immer einen wichtigen Grund darstellt, sind äußere mechanische oder thermische Einwirkungen wie ein Primärbrand der Umgebung (z. B. Innenleben eines PKW), die mechanische Belastung im Entsorgungspressfahrzeug o. Ä. Bei stationären Batteriespeicheranlagen ist bei regelhaftem Aufbau und passivem Schutz des Aufstellortes zumindest ein Großteil von äußeren Gefährdungen begrenz- bzw. verhinderbar.

Praxistipp

Nicht nur die ggf. aus anderen Randbedingungen heraus zu installierende Brandmeldeanlage sollte Bestandteil des Sicherheitskonzeptes sein. Auch das ohnehin vorhandene BMS lässt sich als dauerhafte Sicherheitskomponente bei der Branddetektion einbeziehen.

3.2.2.2 Alarmierungstechniken

Ist ein – wie auch immer geartetes – Detektionssystem vorhanden, so ist eine Alarmierung von zuständigen Stellen einerseits (z. B. Systembetreiber, Feuerwehr usw.) und der unmittelbar betroffenen Bereiche (z. B. Gebäudebereiche, wenn Batteriespeicher in/an Gebäuden aufgestellt sind) erforderlich.

Bei Freianlagen oder Greenfield-Aufstellungen genügt neben der Alarmmeldung an die Fernleitstellen des Systembetreibers eine lokale Meldung mit Blitzleuchten bzw. Sirenen direkt am Aufstellort. Dies soll vor allem Personen in unmittelbarer Umgebung (z. B. Wartungstechniker) direkt warnen.

3.2.2.3 Entrauchungstechniken

Wenn es brennt, entsteht Rauch, der möglichst ins Freie abgeleitet werden sollte. Dies hat neben feuerwehreinsatztaktischen Gründen vor allem mit der Verdünnung zündfähiger Atmosphäre – bzw. im Brandfall – mit der Verdünnung und auch thermischen Ableitung der Brandgase zu tun.

Da Entrauchung bzw. Rauchableitung immer auch im Zusammenhang mit Nachströmung und Zuluft zu sehen ist, ist der Standort einer Batteriespeicheranlage im/am Gebäude grundsätzlich bedeutsam. So sind neben der Entrauchung ins Freie auch Druckentlastungsöffnungen erforderlich.

Als klassische Entrauchung dienen Öffnungen direkt ins Freie. Während früher im Brandfall aufgrund der thermischen Belastung die Fenster(-scheiben) einfach zerbarsten, ist dies aufgrund der verbesserten Wärmeschutzanforderungen von Fenstern heute nicht mehr so einfach möglich bzw. es dauert sehr lange, bis sie zerspringen. Bei Fenstern mit weitergehenden Sicherheitsanforderungen wie z. B. Verbundsicherheitsglas (VSG) braucht es sogar sehr extreme Einwirkungen, bis ihre Scheiben – auch ohne Brandschutzqualifizierung – im Brandfall zerstört werden.

Im hier betrachteten Fall des Brandes einer technischen Anlage (Batterie) ist zudem das manuelle Öffnen von Fenstern aus dem Raum heraus, also von innen, für die Einsatzkräfte der Feuerwehr nicht möglich. Hier sind demnach ferngesteuerte Rauchableitungsmechanismen erforderlich. Bereits in den 1980er Jahren fanden dazu in Heyrothsberge bzw. Magdeburg umfangreiche Untersuchungen zur Rauch- und Hitzeableitung statt (vgl. Heier, 1985).

Eine konkrete Dimensionierung ist hierbei nicht zwingend vorzusehen. Rauch wird – bei Anordnung möglichst im oberen Raumdrittel – immer abgeleitet. Eine geometrisch freie Öffnung von mindestens 0,5 m^2 sollte jedoch nicht unterschritten werden.

Ob zukünftig eine maschinelle Rauchableitung – insbesondere unter Berücksichtigung der konkreten Rauchgaszusammensetzungen bei Batteriebränden – sinnhaft und effektiv sein kann, muss Gegenstand gezielter Forschungsvorhaben werden. Generell sind maschinelle Entrauchungsanlagen dazu geeignet, Rauch aus Gebäuden abzuführen, und dies unabhängig vom konkreten Brandereignis. Da die Brandprodukte und damit auch die Rauchgase bei Batteriebränden durchaus auch aggressive Stoffe enthalten können, ist entsprechend zu prüfen, ob die klassischen Entrauchungstechnologien

(Brandgasventilator einschließlich Kanalnetz) für diesen Einsatzzweck geeignet sind.

3.2.2.4 Löschtechniken und Löschwasserrückhaltung

Das Löschen eines Brandes durch die Einsatzkräfte der Feuerwehr mit Wasser (ggf. mit Zusatzmitteln) ist i. d. R. ein Standard-Einsatzszenario.

Zwei Aspekte sind bei Batteriebränden entscheidend: Einerseits stellt sich die Frage nach der Effektivität und andererseits, wie das Löschmittel überhaupt an die Batterie herankommt. Beispielsweise sind Batteriepacks in Fahrzeugen derart in ihre Gehäuse (Cases) eingebaut, dass ein Eingriff von außen quasi nicht möglich ist. Zudem ist das „Löschen" von Batteriespeichercontainern im Grunde nur ein Kühlen des Batterieraumes, nicht jedoch ein Löschen der Zellen bzw. der Batterie selbst. So ist mit klassischen Mitteln, sei es eine stationäre Löschanlage oder der Einsatz der Feuerwehr, nicht oder nur bedingt direkt an den Brandherd heranzukommen (vgl. Neske et al., 2024).

Es bleibt demnach beim sehr großflächigen Benetzen der Oberflächen, durch das immerhin ein Ablöschen von Sekundärbränden (z. B. der Leitungsführungen und anderer brennbarer Teile im direkten Umfeld) erreicht werden kann. Das eigentliche Stoppen des Verbrennungsprozesses der Batteriezellen allerdings ist nicht möglich.

Damit steht die Frage zur Effektivität diverser Löschtechniken, Löschanlagen und Löschmittel im Raum. Seit mehreren Jahren werden in verschiedenste Richtungen Untersuchungen und Forschungen durchgeführt, um eine dauerhafte Lösung zu finden. Allen bisherigen, bereits bekannten Löschtechniken ist gleich, dass sie eine Art ersten Löschimpuls bewirken und damit zunächst eine Brandweiterleitung im Inneren von Batterieanlagen behindern. Vor diesem Hintergrund wird aktuell versucht, Aerosol-Löschanlagen zu etablieren. Auch hier ist die dauerhafte Sicherheit zur Verhinderung einer erneuten Brandentstehung nach derzeitigen Erkenntnissen jedoch nicht gegeben.

Relevant ist diese Technologie vor allem in Bezug auf den Feuerwehreinsatz. Wie bei Löschtechniken mit Gas muss auch bei Aerosol eine gewisse Haltezeit gewährleistet werden. Das bedeutet, ein zu frühes Öffnen der Tür zum Aufstellraum der Batterieanlage könnte eine Rückzündung auslösen. Der Umgang mit Batteriebränden und die Anwendung effektiver Löschtechniken wird in den nächsten Jahren somit fraglos ein großes Aufgabenfeld sein.

Bei freistehenden Anlagen und auch Greenfield-Aufstellungen wiederum ist generell die Frage, ob (neben ggf. autarken Löschanlagen) ein Feuerwehreinsatz mit massivem Löschwasser überhaupt notwendig ist. Bekannt ist derzeit, dass die Verbrennungsprodukte in Verbindung mit Löschwasser grundsätzlich ungünstige Auswirkungen für die Umwelt haben. Daher stellt sich die fachlich-technische und auch formalrechtliche Frage der Löschwasserrückhaltung.

Während die Löschwasserrückhaltung aus technischer und fachlicher Sicht – auf Grundlage des Schutzzieles des Wasserhaushaltsgesetzes (WHG) (hier:

Besorgnisgrundsatz) – als unbedingt erforderlich zu bewerten ist, ist das formalrechtliche Erfordernis, gerade bei Batteriespeicheranlagen, derzeit nicht geregelt bzw. nicht geklärt. Unter Berücksichtigung des ursprünglichen Anwendungsfalles der Löschwasserrückhaltung – sie ist für den Schadenfall in der chemischen Großindustrie gedacht – stellt sich die formale Frage, ob bei im Endprodukt gebundenen Chemikalien wie in Batterien tatsächlich eine Bewertung analog den Chemiegroßbetrieben erforderlich ist. Bei jedem Brandereignis – selbst bei Wohnungsbränden – entsteht in Verbindung mit Löschwasser ein nicht ungefährlicher „Chemiecocktail". Eine Gleichsetzung mit bzw. Bewertung nach Löschwasserrückhaltungen ist hier jedoch eher nicht angebracht.

Konkret bedeutet Löschwasserrückhaltung, dass kontaminiertes Löschwasser möglichst nah am Brandort aufgefangen werden sollte, bevor es unkontrolliert in die Umwelt (in Gewässer oder Boden) abfließt. Dabei gilt: Allein die technisch mögliche Rückhaltung ohne die Einhaltung einer formaljuristischen WHG-Auffangwanne ist besser als keine Rückhaltung.

Praxistipp

Jede normale geschlossene Oberfläche, sei es ein Betonboden oder eine Asphaltstraße, eignet sich grundsätzlich auch ohne WHG-Zulassung zur Löschwasserrückhaltung. Selbst ein (abzusperrendes) Regenkanalnetz auf einem Industriegelände kann zu diesem Zweck herangezogen werden. Wichtig ist, dass eine – wie auch immer ausgestaltete – Rückhaltemaßnahme vorhanden ist.

Eine formalrechtliche Bewertung von Batteriespeicheranlagen oder auch Logistikobjekten für Batterielagerung/-umschlag als wassergefährdende Gefahrstoffe auf Grundlage des WHG, der Verordnung über Anlagen zum Umgang mit wassergefährdenden Stoffen (AwSV) bzw. ehemals der Richtlinie zur Bemessung von Löschwasser-Rückhalteanlagen beim Lagern wassergefährdender Stoffe (LöRüRL) erscheint indes nicht angezeigt.

Bezüglich der genannten Greenfield-Anlagen kann sich das Szenario wie folgt darstellen: Wird eine Batteriespeicheranlage – unter der Voraussetzung, dass ihr Brand keine anderen Bereiche/Gebäude usw. gefährdet – nicht gelöscht, sondern nur beobachtet, bis das Brandgut verbraucht ist, kann natürlich auch kein kontaminiertes Löschwasser entstehen, das im Zweifelsfall zurückzuhalten wäre. Eine derartige Einschätzung der Situation bedarf auf Seiten der Einsatzkräfte einerseits ein vertieftes Wissen über das vorliegende Brandgeschehen und andererseits die konkrete Entscheidung der Einsatzleitung, kein Wasser zu benutzen.

Im Sinne der umwelttechnischen Nachhaltigkeit bedeutete ein solches Szenario neben dem nicht kontaminierten Boden bzw. Gewässer auch, dass Wasser gespart wird, sowie des Weiteren, dass möglicherweise keine aufwendige Löschwasserversorgung (sei es durch feste Hydranten, Löschwasserspeicher usw.) notwendig ist. Unter der Annahme, dass zukünftig an den meisten freistehenden Photovoltaikanlagen oder Windkraftanlagen auch

Batteriespeicheranlagen errichtet werden, wären technisch aufwendige und auch kostenintensive Löschwasservorhaltungs- und Löschwasserrückhaltungsmaßnahmen sicherlich entbehrlich.

3.2.3 Betrieblich-organisatorischer Brandschutz

Der Umgang mit Batterien und Speichersystemen gestaltet sich im Grunde genommen pragmatisch. Bereits im Kindesalter gibt es erste Berührungspunkte mit batteriebetriebenen Geräten. Später, im Jugend- und Erwachsenenalter, sind diese aus dem Leben nicht mehr wegzudenken (Mobiltelefone, Notebooks, Tablets, E-Bikes usw.). Auch die Nutzung akkubetriebener Power-Tools im Handwerk ist gelebte Praxis, und ebenso stellt das Handling von mobilen batteriebetriebenen Geräten (Consumer- und Businesstechnik) i. d. R. keine besondere Herausforderung dar.

Im Rahmen einer betrieblichen Nutzung – basierend auf der arbeitsstättenrechtlichen Gefährdungsbeurteilung nach § 3 DGUV Vorschrift 1 „Grundsätze der Prävention" (2013) – ergibt sich dennoch eine umfangreiche Sicherungs- und Unterweisungspflicht. Gerade bei mobilen, aber auch stationären Geräten, die mit elektrischer Energie betrieben werden und die im alltäglichen Umgang keine besondere Herausforderung darstellen, wird das Gefährdungspotenzial häufig nicht mehr wahrgenommen. Derweil tragen die klassischen elektrischen Sicherheitssysteme wie Sicherungsautomaten und FI-Schutzschalter sicherlich zu dieser Sorglosigkeit bei.

Während im privaten Umfeld keine betrieblich-brandschutztechnischen Maßnahmen greifen, gestaltet sich dies im beruflichen Umfeld anders. Die unternehmerischen Pflichten und Aufgaben sind für den sicheren Betrieb und für die körperliche Unversehrtheit der Beschäftigten unverzichtbar. Denkbar ist indes, dass manche beruflich veranlassten Maßnahmen auch zu einem Umdenken im privaten Umfeld beitragen.

Im betrieblichen Kontext sind aus brandschutztechnischer Sicht folgende Maßnahmen relevant:

- Klärung, ob ein batteriebetriebenes Gerät bzw. eine bestimmte Energiespeicherform tatsächlich gebraucht wird oder eine andere Lösung denkbar ist (Substitution)
- Beschaffung entsprechend technisch ausgereifter, sicherer Geräte von Originalhersteller und in Originalverpackung
- Erarbeitung von Vorgaben zum sicheren Umgang und Betrieb (Handhabung, Benutzung, Laden usw.), basierend auf den herstellerbezogenen Angaben, und Erstellung einer Betriebsanweisung. An dieser Stelle kann es bereits erforderlich werden, die Lagerung/Aufstellung im Gebäude und die Ladeposition, z. B. in Brandschutz-Ladeschränken, festzulegen.
- Klärung von Maßnahmen im Falle des Transports der Geräte (z. B. in Spezialbehältern) und zu sicherem Umgang bzw. sicherer Handhabung
- gegebenenfalls Prüfung der stationären und mobilen elektrischen Geräte und Anlagen nach DGUV Vorschrift 3 „Elektrische Anlagen und Betriebsmittel" (1997) (kann generell zur grundsätzlichen Sicherheit beitragen)
- Planung und Dokumentation von Maßnahmen zur Entsorgung bei Störungen/Defekten oder bei Abschaffung der Geräte

Zusammengefasst werden diese Einzelmaßnahmen in der allgemeinen Brandschutzordnung des Unternehmens nach DIN 14096 „Brandschutzordnung – Regeln für das Erstellen und das Aushängen (2024).

Bei stationären Geräten – dazu zählen bereits kleine Anlagen zur unterbrechungsfreien Stromversorgung (USV) für den IT-Bereich – sind ebenso besondere Maßnahmen vorzusehen. Sie beginnen mit der Frage des Aufstellortes (Position, Belüftung, Zugriffsschutz, brandschutztechnische Kapselung usw.), behandeln die konkrete Gefahrendetektion (Überspannung, Ausfall, Brand usw.) und führen weiter zu Fragen der Alarmierung und Brandbekämpfung.

Bei Batteriebränden – selbst wenn es sich um kleinere Brände handelt – ist unternehmerisch immer zu fragen, ob die klassische Erstbrandbekämpfung mit Handfeuerlöschern (auf Basis der ASR A2.2 „Technische Regeln für Arbeitsstätten, Maßnahmen gegen Brände" (2018)) noch ausreichend und vor allem sicher möglich ist oder ob andere Maßnahmen greifen müssen. Zu beachten sind weiterhin die „Besonderen Maßnahmen bei Lithium-Ionen-Akkumulatoren" nach DIN VDE 0132 „Brandbekämpfung und technische Hilfeleistung im Bereich elektrischer Anlagen" (2018).

In diesem Zusammenhang stellt sich die grundsätzliche Frage, inwiefern die bekannten Kohlendioxid-Löscher in Bezug auf Elektrobrände zukünftig noch sicher und vertretbar einsetzbar sind (vgl. DGUV Information 205-034 „Einsatz von Kohlendioxid (CO_2)-Feuerlöschern in Räumen" (2019)). Der intendierte Ansatz, mit CO_2-Löschern möglichst wenig Sekundärschäden am Brandherd (z. B. einem Serverraum) zu erzeugen, kommt hier im Grunde nicht mehr zum Tragen: Selbst bei automatischer Branddetektion vergeht so viel Zeit zwischen Brand, Detektion, Alarmierung und Eingriff durch Personen mittels Löscher, dass die Schäden an der Anlage zumeist bereits so groß sind, dass es letztlich keine Rolle mehr spielt, mit welchem Löscher der Brand zu bekämpfen versucht wird. Zugleich ist das personenbezogene Risiko im Umgang mit CO_2-Löschern deutlich höher zu bewerten als der wirtschaftliche Schaden der elektrischen bzw. elektronischen Anlage.

In Bezug auf größere Batteriespeicheranlagen – vergleichbar mit Trafo- und Mittel-/und Hochspannungsanlagen – ist nur noch eingewiesenen, elektrotechnisch ausgebildeten Personen das Betreten erlaubt. Da gerade die Gefahren von nicht sichtbarer Energie nicht zu unterschätzen sind, müssen auch hier stringente Regeln und Vorgaben beachtet werden. Selbst einfach erscheinende Warnschilder wie klassische dreieckige Gefahrenhinweise auf gelbem Grund mit schwarzer Schrift (vgl. Abb. 3.4) sind dabei wichtig und wirksam.

Nutzungstechnisch ist zu beachten, dass der Raum für Energiespeicheranlagen (ob im Gebäude oder außerhalb) dauerhaft so gestaltet wird, dass er nicht für andere Zwecke, z. B. für das Abstellen von Gegenständen, genutzt wird. Gleichermaßen muss im Bereich von Freianlagen der freizuhaltende Abstand so markiert sein, dass er tatsächlich auch frei bleibt (z. B. mit Einzäunungen usw.).

Abb. 3.4: Bei größeren Batteriespeicheranlagen sind Gefahrenschilder wie dieses für „Hochspannung Lebensgefahr" nach der Technischen Regel für Arbeitsstätten ASR A1.3 in Verbindung mit der DIN EN ISO 7010 erforderlich. (Foto: © istock.com/Michael Piepgras)

Zusammenfassend lässt sich feststellen, dass sich die bisherigen, eher klassischen Belange des betrieblich-organisatorischen Brandschutzes in Bezug auf Batteriespeicheranlagen bzw. batteriebetriebene Fahrzeuge und Maschinen/Geräte deutlich in Richtung elektrotechnische Sicherheitsbelange bewegen. Die bereits vorhandenen arbeitsstättenrechtlichen Sicherheitsmechanismen müssen insofern zwingend wieder bzw. verstärkt zur Anwendung kommen.

4 Nutzungs- und Anwendungsbereiche

Nachfolgend werden typische Nutzungs- und Anwendungsbereiche von Energiespeichersystemen vorgestellt. Im Zuge dessen werden brandschutztechnische bzw. bauordnungsrechtliche Belange, soweit möglich, diskutiert, ohne dabei eine Klassifikation oder Bewertung vorzunehmen.

Grundsätzlich ist festzuhalten, dass das bloße Vorhandensein von Lithium-Batterien nicht in allen Bereichen zur selben bzw. vergleichsweisen Gefährdung führt. Daher ist es wichtig, den Einsatz im Nutzungskontext zu verstehen und einzuordnen. Insbesondere die Unterscheidung zwischen stationärer und mobiler Anwendung ist dabei bauordnungsrechtlich, aber auch sicherheitstechnisch (Stichwort Produktsicherheit) wichtig. Ebenso ist die bestimmungsgemäße Verwendung ein zentraler Aspekt bei der Gefahrenbeurteilung. Dabei unterliegen typische mobile Anwendungen der Consumertechnik (Mobiltelefone usw.) durch nicht technisch eingewiesene Personen naturgemäß keinen bauordnungsrechtlich-brandschutztechnischen Regelwerken und müssen hinsichtlich der Produktsicherheit für eine robuste Umgebung geschaffen sein. Stationäre Großspeicher dagegen werden nicht oder nur durch eingewiesene Personen betreten und sind daher bauordnungsrechtlich als bauliche Anlage bewertbar.

4.1 Mobile Anwendungen

Elektrische Geräte unabhängig vom stationären Stromnetz zu verwenden, wird bereits seit mehreren Jahrzehnten technisch realisiert. Die aktuellen Herausforderungen bestehen – neben den sicherheitstechnischen Aspekten – in der Reduzierung des (Gesamt-)Gewichts und in dem Anspruch eines möglichst schnellen Ladezyklus.

Bauordnungsrechtlich-brandschutztechnische Aspekte sind für mobile Geräte und Maschinen nicht relevant. Dennoch werden sie in Gebäuden untergebracht oder genutzt, die wiederum nach Bauordnungsrecht zu bewerten sind. Im Folgenden werden verschiedene mobile Anwendungen brandschutztechnisch näher beleuchtet.

4.1.1 Personenkraftwagen (PKW)

Eine bekannte und auch funktionelle Anwendungsform von Energiespeichersystemen sind Personenkraftwagen (PKW) mit Elektroantrieb oder Elektro-Hybridantrieb. Die Anfänge von Fahrzeugen mit Elektroantrieb führen bis ins Jahr 1888 zurück, als die Maschinenfabrik A. Flocken in Coburg eine Art elektrischen PKW entwickelte. Seitdem gab es weltweit immer wieder Prototypenfahrzeuge oder Kleinserien. Die bezahlbare Massenproduktion begann erst ab dem Jahr 2008, in dem insbesondere Tesla marktreife Fahrzeuge produzierte. Die dafür verwendeten Batterien, insbesondere beim

Abb. 4.1: PKW mit Elektroantrieb sind hinsichtlich der grundlegenden Idee nichts Neues. (Foto: © istock.com/sefa ozel)

vollelektrischen Fahrzeug, sind unterhalb des Chassis montiert und haben eine sehr hohe Speicherkapazität. Daher werden diese Systeme auch als sog. Hochvoltspeicher oder Hochvoltbatterien (HV) bezeichnet. Die Batterien sind mehrfach gekapselt, sodass sie bei bestimmungsgemäßer Nutzung grundsätzlich sicher sind. Das integrierte Batteriemanagementsystem ist unerlässlich für den Betrieb bzw. die Fahrt und auch für die entsprechenden Ladezyklen.

Prinzipiell gibt es hinsichtlich der Art und Weise, wo E-Fahrzeuge fahren, parken und laden dürfen, in Deutschland keine besonderen brandschutzrelevanten Einschränkungen. Die Fahrzeuge dürfen sich auf allen Straßen bewegen und ohne externe Schutzvorrichtungen geparkt und geladen werden. Dies gilt selbstverständlich auch in (Tief-)Garagen (siehe auch Kapitel 4.2.1).

Interessant in dieser Hinsicht sind die elektrotechnischen Besonderheiten, die auf die Werkstattbetriebe zukommen bzw. zugekommen sind. Auch das Handling der Fahrzeuge im havarierten Zustand für die Abschleppunternehmen und für die Entsorgungsfachbetriebe ist mit besonderen Anforderungen belegt. Hier sind aktuell Richtlinien diverser Fachgremien in Bearbeitung (vgl. z. B. vfdb-Merkblatt 06/12 „Übergabeprotokoll Fahrzeuge" (2023)).

Darüber hinaus wird seit mehreren Jahren an einer effektiven, möglichst allgemeingültigen Feuerwehreinsatztaktik für Brände mit E-Fahrzeugen geforscht und es werden entsprechende Richtlinien veröffentlicht (vgl. Neske et al., 2024; vfdb-Merkblatt 10-17 „Empfehlung für den Feuerwehreinsatz bei Gefahr durch Lithium-Zellen, Batterien und Akkumulatoren" (2020)). Während sich beispielsweise das Tauchen von havarierten E-Fahrzeugen in (mobile) Wasserbecken weder etabliert hat noch technisch sinnhaft umsetzbar ist, haben sich Hochdruck-Löschsprühlanzen mittlerweile als probates Mittel erwiesen.

Abb. 4.2: Die Zahl der Elektro-LKW könnte sich in den nächsten Jahren steigern. (Foto: © istock.com/Tramino)

Für die Zukunft interessant ist auch die Zwischennutzung von E-PKW als temporäre Energiespeicher in intelligenten Stromnetzen (sog. Smart Grid). Dabei wird sich zeigen, wie sicher und stabil diese Anwendungen sind. Während bei stationären Energiespeichern von einer festen, soliden Anschlussstruktur auszugehen ist, liegt der sicherheitstechnische Fokus mit Blick auf die Zündquellenursache auf dem Stecker bzw. dem Anschlusskabel zwischen E-PKW und Ladesäule.

4.1.2 Lastkraftwagen (LKW) und Busse

Auch wenn der Einsatz von Nutzfahrzeugen mit Voll-Elektroantrieb vor allem hinsichtlich LKW derzeit noch Gegenstand zahlreicher Diskussionen ist, ist es durchaus denkbar, dass sie in den nächsten Jahren vermehrt auf den Straßen zu finden sein werden. Im Bereich des Personennahverkehrs sind bereits zunehmend elektrifizierte Linienbusse in den Fahrzeugflotten im Einsatz.

Grundsätzlich unterscheidet sich die Antriebs- und Batterietechnologie nicht von den etablierten E-PKW. Aufgrund des höheren Gewichts und der höheren Nutzlasten erhöht sich dabei generell das Gesamtgewicht.

Da die Ladeinfrastruktur derzeit nicht ausreichend ausgebaut ist, wird sicherlich auch die Etablierung von elektrischen Nutzfahrzeugen in dieser Größenordnung noch einiger Zeit bedürfen.

Insbesondere die Brandfälle der letzten Jahre u. a. in Busdepots führten – neben der Diskussion über Ladeinfrastruktur und Batterietechnologien – zu Fragestellungen des bautechnischen Brandschutzes in Gebäuden mit Blick auf das bestimmungsgemäße Unterstellen bzw. Abstellen mehrerer Fahrzeuge (dabei kann es sich z. B. auch um ein Feuerwehrgerätehaus handeln).

Die Diskussion, ob über das bauordnungsrechtliche Maß hinaus brandschutztechnisch wirksame Trennungen bzw. Trennwände einzubauen sind, hat jedoch weniger mit der Batterietechnologie bzw. dem Brand von E-Fahrzeugen selbst zu tun. Vielmehr geht es darum, ob und wenn ja, wie viele Fahrzeuge oder Sachwerte im Brandfall aufgegeben werden bzw. mit welchem Verlust kalkuliert wird. Diese Thematik ist dem Grunde nach wirtschaftlich-versicherungstechnischer Natur und berührt auch die Frage, welche vertragsrelevanten Ausfallwahrscheinlichkeiten ein Betrieb oder eine Organisation sich leisten kann oder will. Beim Busbetrieb beispielsweise führte der Verlust oder Ausfall eines Fahrzeugs (egal aus welchem Grund, Brand oder Wartung usw.) mutmaßlich nicht zu wesentlichen Einschränkungen. Der Verlust bzw. der Ausfall von mehr als 2 Fahrzeugen hingegen kann schnell zum Kollaps des vertraglich zugesicherten Systems führen und damit zu weiteren (wirtschaftlichen) Schäden.

Gerade bei Bränden in Feuerwehrgerätehäusern führen derartige Schäden zu weiteren Problemen, weil die Standorte und die Fahrzeuge bzw. Geräte genau auf das entsprechende Umfeld bzw. Einsatzgebiet abgestimmt sind. Ein Total- oder Teilverlust tangiert nicht nur das bauordnungsrechtlich relevante, sondern auch das soziale Sicherheitssystem und trifft dieses empfindlich. Aus diesem Grund sind Gebäude bzw. Gebäudenutzungen dieser Art als Kritische Infrastruktur (KRITIS) einzuschätzen, die im Hinblick auf brandbedingte Ausfälle anders und über das bauordnungsrechtliche Mindestmaß hinaus sicherer geplant werden müssen. Indes wird es nicht möglich sein, ein Gebäude wirtschaftlich günstig zu errichten und es zugleich gegen innere und äußere Gefahren so abzusichern, dass die Ausfallwahrscheinlichkeit auf ein Minimum reduziert wird.

4.1.3 Kleinfahrzeuge, Consumerprodukte, Tools

Unter diese Kategorie fallen z. B. Fahrräder, Scooter, mobile Endgeräte, batteriebetriebene Spielzeuge oder Power-Tools – in diesem Segment ist alles auf dem Markt, was batteriebetrieben möglich ist. Aufgrund dieses Phänomens der Massenware ereignen sich in dieser Kategorie derzeit wohl auch die meisten Brandfälle (siehe Ursachenstatistik – Brandschäden 2023 des IFS).

Die Benutzung dieser Geräte ist für jedwede Personengruppe gedacht. Neben soliden, häufig im professionellen Bereich anzutreffenden Anwendungen mit durchaus robusten Geräten und Akkus bzw. Batteriesystemen finden sich hier auch Billigstprodukte, Nachahmerprodukte usw.

Insbesondere die Ladegeräte sind sehr anfällig für Fehler und tragen zur Brandentstehung – auch bei unbeabsichtigter Fehlbedienung – bei.

Während im professionellen bzw. betrieblichen Umfeld aufgrund der arbeitsstättenrechtlichen Gefährdungsbeurteilungen ein gewisser Grundschutz besteht, fehlt es formalrechtlich an der Durchsetzung entsprechender Sicherheitsmaßnahmen im privaten Kontext. Zudem gibt es zwar herstellerseitig eine Beschreibung für die bestimmungsgemäße Verwendung eines Geräts, ob sich Endanwender daran halten, lässt sich jedoch nicht weiter regeln – diese Situation wurde bereits mehrfach herausgestellt. Aus diesem Grund ist

Abb. 4.3: Ladekabel von Mobiltelefonen sind anfällig für Kabelbrüche und daraus resultierende Brandentstehungen. (Foto: © istock.com/lechatnoir)

einerseits noch deutlicher auf Gefahren und Risiken hinzuweisen, andererseits müssen Consumerprodukte noch sicherer werden. Nach Untersuchungen des Instituts für Schadenverhütung und Schadenforschung der öffentlichen Versicherer e. V. (IFS), Kiel, geht derzeit ein Großteil der Brände in Wohnungen von Geräten mit Lithium-Batterien aus (vgl. Online-Artikel über Lithium-Ionen-Batterien, www.ifs-ev.org/schadenverhuetung/feuer schaeden/lithium-ionen-akkus/).

Auch wo im gewerblichen Bereich bestimmungsgemäß mit wechselbaren Batterien/Akkus umgegangen wird (z. B. Fahrradhandel, Gartenbau/Gartengeräte, Kfz-Handel usw.) sollten – auch hier über das bauordnungsrechtliche Mindestmaß hinaus – bereits in der Planung besondere brandschutztechnisch abgetrennte Lagerräume bedacht werden. Es empfiehlt sich beispielsweise, sie raumabschließend feuerbeständig sowie mit feuerhemmenden und rauchdichten Türen zu konzipieren. Die Erstinvestition in diese Vorkehrungen wird sich über die Zeit im Vergleich zu einem Teil- oder Totalverlust im Brandfall zweifellos amortisieren.

Auch für andere gewerbliche Anwender sind teilmobile Brandschutz-Lade- bzw. Lagerschränke sinnvoll. Zudem muss im Rahmen der betrieblichen Brandschutzordnung definiert sein, wie Ladeprozesse (z. B. Laden von Mobiltelefonen, Notebooks, E-Bikes usw.) im unternehmerischen Umfeld gestattet bzw. durchzuführen sind. Ebenso der Umgang mit havarierten Geräten/Batterien ist im Ergebnis einer Gefährdungsbeurteilung zu definieren und in der Brandschutzordnung sowie in Betriebsanweisungen festzuschreiben.

Abb. 4.4: In der Logistikbranche längst etabliert sind Flurförderzeuge (FFZ) mit Batterie. (Foto: © istock.com/Baloncici)

4.1.4 Selbstfahrende Maschinen

In vielen gewerblichen Bereichen ist der Umgang mit elektrisch betriebenen Maschinen wie Staplern oder Flurförderzeugen (FFZ) längst etabliert. Batteriebetriebene Maschinen sind seit Jahrzehnten aktiv im Einsatz. Hierbei sind Batterietechnologien wie Lithium-Ionen-Batterien in der Anwendung.

Auch bei diesen Maschinen kommt es zu Brandfällen. Allerdings sind die Ladestationen entweder in separaten Räumen untergebracht oder in (Logistik-)Gebäuden, die weitergehende Schutzmaßnahmen wie z. B. Löschanlagen usw. aufweisen. Da darüber hinaus aufgrund der gewerblichen Anwendung ein betrieblich-organisatorischer Schutzmechanismus wirkt, ist das Gesamtrisiko als beherrschbar zu bezeichnen.

4.1.5 Bahngebundene Fahrzeuge

Zur Vervollständigung des Überblicks erwähnt werden sollen an dieser Stelle auch bahngebundene Fahrzeuge. Der elektrische Antrieb von Eisenbahnfahrzeugen, Triebwagen usw. kann als Standard bezeichnet werden. Eine ergänzende Neuerung sind dabei sicherlich batteriegepuffte Fahrzeuge, die auf nicht elektrifizierten Strecken die bisherigen Dieselfahrzeuge ersetzen. Das Lademanagement ist auf elektrifizierten Strecken quasi schon vorhanden. Es wird sich auch hier zeigen, wie effektiv und leistungsfähig – im Sinne der Kapazität und der Transportlasten – die Fahrzeuge sein werden.

4.2 Ladeinfrastruktur

Mobile elektrische Maschinen und Geräte mit Batterien sowie im Hauptnutzungsbereich elektrische PKW müssen regelmäßig geladen werden. Während die Ladeinfrastruktur im privaten Rahmen relativ schnell zu errichten ist – im einfachsten Fall über eine normale Haushaltssteckdose –, ist die Ladeinfrastruktur im öffentlichen Raum nach wie vor nur bruchstückhaft und noch nicht flächendeckend vorhanden.

Mit einzelnen Brandfällen von PKW wuchs anfänglich die Sorge, E-PKW in Garagen einfahren zu lassen sowie auch, Garagen mit Ladesäulen auszustatten. Diesbezüglich steigt jedoch das Verständnis und damit auch das Selbstverständnis, Ladepunkte in Garagen und an Stellplätzen zu installieren – insbesondere durch die vorhandenen Sicherheitskaskaden bei zugelassenen Ladeanschlüssen hinsichtlich des Anschlusses von Fahrzeugen an Ladepunkte. So sorgt bei den Ladebetriebsarten (LBA) 2 bis 4 mit sog. IC-CPD-Box ein implementierter Fehlerstromschutzschalter (RCD) im Fehlerfall, beispielsweise bei einer Beschädigung der Isolation und freiliegenden spannungsführenden Teilen, für eine rechtzeitige Abschaltung des Stromkreises (vgl. Bericht zum Forschungsprojekt FE 82.0552/2012 (2016, S. 10)). Hingewiesen sei hier auch auf den Online-Artikel der Bundesanstalt für Straßen- und Verkehrswesen (bast) „Sicherheitsaspekte beim Laden von Elektrofahrzeugen".

Die – vor allem im privaten Bereich vorhandene – Kombination von Photovoltaik-Modulen und einem Ladeanschluss als fast-autarke Einheit macht das Nutzen von E-PKW zur sinnvollen Alternative gegenüber klassischen PKW mit Verbrennungsmotor.

4.2.1 Ladeinfrastruktur in Garagen

Aufgrund der Corona-Pandemie etwas weniger öffentlichkeitswirksam, wurde im Frühjahr 2021 das „Gesetz zum Aufbau einer gebäudeintegrierten Lade- und Leitungsinfrastruktur für die Elektromobilität (Gebäude-Elektromobilitätsinfrastruktur-Gesetz – GEIG)" verabschiedet. Mit diesem Gesetz wurde es ab dem 18. März 2021 in Wohngebäuden verpflichtend – einschließlich vieler möglicher Ausnahmen und Sonderfälle –, eine Ladeinfrastruktur für E-PKW zu schaffen.

Die Erwartungshaltung einiger Brandschutz-Fachgremien, dass mit diesem Gesetz zugleich auch die MBO und die M-GarVO – zumindest zu diesem Sachverhalt – aktualisiert und auch noch in den Landesgesetzen verankert wird, wurde indes nicht erfüllt (vgl. Schmöller, 2024). Daher bleibt den Planenden, den Brandschutzsachverständigen und den Prüfinstanzen die Entscheidung überlassen, ob und wenn ja, welche brandschutzrelevanten Belange für die Ladeinfrastruktur – und daraus folgend auch für alle Belange rund um das Löschen von E-PKW in Garagen – erforderlich werden.

Zudem ist darauf hinzuweisen, dass die Errichtung von Ladcinfrastruktur im Bestand sowie die ggf. damit verbundene Nutzungsänderung (d. h. außerhalb von Garagen) nach § 61 Abs. 1 Nr. 15a MBO verfahrensfrei ist.

Abb. 4.5: Ladeinfrastrukturen in Garagen sind ohne besondere brandschutztechnische Maßnahmen zulässig. (Foto: © istock.com/onurdongel)

Rechtsgrundlage

Wie bereits mehrfach betont, kann der gesellschaftlich-politische Wille einer Energiewende – mit all seinen Problemen, Herausforderungen und Widersprüchlichkeiten – nur gelingen, wenn Fachgremien Gesetze und Vorgaben schaffen, die für diese Technologien sprechen und nicht dagegen. Da bei der Entstehung von bauordnungsrechtlichen Vorschriften neben den baurechtlichen und bautechnischen Fachleuten auch die Sichtweise der Feuerwehren einfließt, müssen die später Nutzenden bzw. die Gesellschaft davon ausgehen können, dass alle relevanten Gefahrenabwehrmechanismen, immer unter Beachtung der bestimmungsgemäßen Nutzung, greifen und ausreichend betrachtet wurden.

Das heißt umgekehrt, enthält ein Gesetz oder eine Vorschrift keine expliziten Aussagen zu einem Fachthema, sind hieraus auch keine Verbote abzuleiten. Konkret: Die Muster-Garagenverordnung (M-GarVO) in der Fassung vom 14. Juli 2022 der Fachkommission Bauaufsicht enthält explizit die Zulässigkeit von Ladeinfrastruktur in Garagen für PKW ohne weitergehende Anforderungen in diesem Sachzusammenhang – die Einhaltung der übrigen Belange ist hiervon natürlich unbenommen.

Letztlich ist die Zulässigkeit von Ladeinfrastruktur die konsequente technische Umsetzung des bereits erwähnten GEIG.

Die meisten Bundesländer (außer Bremen, Rheinland-Pfalz, Schleswig-Holstein) haben mit Blick auf das Thema der E-Ladestationen noch keinen direkten Bezug auf die M-GarVO vorgenommen. Es ist davon auszugehen, dass dies in den nächsten Monaten noch erfolgen wird bzw. dass zumindest die aktuell gültigen Garagenverordnungen kein explizites Verbot von Ladeinfrastruktur in Garagen enthalten. Zudem widerspräche ein solches Verbot dem als Bundesgesetz geltenden GEIG.

Das Bundesland Bayern gibt in seinen „Häufig gestellten Fragen" zur GaStellV (Bayrisches Staatsministerium für Wohnen, Bau und Verkehr, 2020) den Hinweis, dass keine Bedenken zur Installation und Verwendung von E-Ladestationen in Garagen vorliegen.

Brandschutztechnische Einordnung

Die bestimmungsgemäße Nutzung von Garagen (als Nicht-Aufenthaltsraum) zur Abstellung von Kraftfahrzeugen ist seit mehreren Jahrzehnten in der Gesetzgebung verankert. Schon immer war bekannt, dass im Falle eines Garagenbrandes nicht unerhebliche Gefahren und Temperaturen auftreten können, weswegen neben der Anforderung des Feuerwiderstandes und (in Großgaragen) nichtbrennbarer Dämmstoffe auch zusätzliche Schutzmechanismen in Form von sog. Schleusen vor notwendigen Treppenräumen (wenn das Gebäude nicht allein der Garagennutzung dient) erforderlich werden. Weitergehend zu nennen sind das Erfordernis von Löschanlagen bei Tiefgaragen, die weit unter der Erdoberfläche angeordnet sind, und die brandmeldetechnische Überwachung für den Fall, dass das Gebäude darüber ebenso ein bauordnungsrechtliches Erfordernis zur Brandmeldeausstattung aufweist.

Zudem weisen neueste Forschungsergebnisse (vgl. z. B. Zehfuß, Sander, 2020) darauf hin, dass der Brand von Fahrzeugen mit Elektroantrieb nicht oder nicht wesentlich anders abläuft als der Brand von konventionellen Fahrzeugen mit Diesel/Benzin. Vergleichbar ist diese Thematik mit dem Verbot der Benutzung von Tiefgaragen für gasbetriebene Fahrzeuge in den 1990er-Jahren, das anfänglich lange diskutiert wurde und schließlich ebenso zur normalen Zulässigkeit dieser Fahrzeuge führte. Neue Technologien werden häufig mit Skepsis und im schlimmsten Fall auch mit Ablehnung betrachtet – genau hier schließt die Arbeit von Fachgremien und Gesetzgebungsverfahren an, um solche Belange mit ausreichender Sicherheit zu regeln.

Da dennoch andere Gefahrenpotenziale in Garagen mit E-Ladestationen auftreten können, als das bisher mit eher passiv abgestellten Fahrzeugen der Fall ist, werden im Folgenden einige Vorschläge und Konzeptideen vorgestellt, die bereits umgesetzt wurden, auch wenn dahingehend keine gesetzliche Verpflichtung existiert. Bei diesen Vorschlägen handelt es sich um pragmatische Lösungen ohne damit einhergehende wissenschaftliche Untersuchungen. Dessen ungeachtet wurden alle realisierten Lösungen gemeinsam mit Bauherren, Planenden, Feuerwehren/ Brandschutzdienststellen und den Genehmigungsinstanzen (Untere Bauaufsichten, Prüfingenieure, Prüfsachverständige für Brandschutz) diskutiert und realisiert.

Bauliche Vorschläge:

- Auch ohne konkrete gesetzliche Vorgaben aus der (M-)GarVO ist es vorstellbar, dass bei Garagen mit E-Ladestationen in beispielsweise jeder 4., 5. oder 6. Parknische eine Art Flammschutzwand in Form einer nichtbrennbaren Massivwand vorgesehen wird.
- Bei E-Ladestationen empfiehlt es sich, auf die Verwendung von nichtbrennbaren Dämmstoffen auch bereits in Mittelgaragen (> 100 m^2 bis 1.000 m^2) zurückzugreifen.
- In Abhängigkeit von zukünftigen Brandereignissen mit E-PKW in Garagen wird zu entscheiden sein, ob auch die Regelungen zur Rauchableitung aus Garagen bereits für Mittelgaragen greifen könnten.

Technische Vorschläge:

- Beim Vorhandensein einer Brandmeldeanlage ist es empfehlenswert, bei Auslösen der BMA (oder alternativ einer vorhandenen Löschanlage) die Ladeprozesse abzubrechen.
- Bei öffentlichen Mittel- und Großgaragen (wechselnde Benutzerklientel; Vielzahl an gebäudeunkundigen Personen usw.) empfiehlt sich der generelle Einbau von Brandmeldetechnik und Löschtechnik, wenn mehr als 50 % der Stellplätze je zusammenhängender Garagenfläche mit E-Ladestationen ausgestattet sind.
- Es sollte verpflichtend eingeführt werden, dass – bis auf einzelne Privathaushalte mit Kleingaragen – in allen Garagen mit E-Ladestationen die entsprechende Elektrotechnik (einschließlich Ladekabel) mindestens einmal im Jahr durch eine zugelassene Elektrofachkraft auf Sicherheit zu überprüfen ist (vgl. § 5 DGUV Vorschrift 3).
- Auch die Sicherheitsprüfung der E-Fahrzeuge sollte eine entsprechende technische Sicherheit (einschließlich der Ladekabel) bieten (tangiert u. a. Aspekte des Straßenverkehrsrechts).

Feuerwehreinsatz:

- Am Garagenzugang bzw. an der Zufahrt empfiehlt sich die Anbringung eines Hinweisschildes (mit rotem Rand), dass sich E-Ladestationen in der Garage befinden.
- Beim Vorhandensein/Erfordernis eines Feuerwehrplanes muss diese Information (mit Position auf dem Plan) eingetragen sein.
- Gibt es bestimmungsgemäß keinen Feuerwehrplan, ist ein lokal angebrachter, lagegerechter Übersichtsplan in der Garage hilfreich, um die E-Ladebereiche zu identifizieren.
- Generell ist es – sofern es sich nicht ohnehin um eine Garage ausschließlich für E-Fahrzeuge handelt – für den Feuerwehreinsatz hilfreich, wenn die E-Ladebereiche mit guter Feuerwehrzugänglichkeit angeordnet sind.

Auch wenn sich zukünftige Entwicklungen naturgemäß nicht exakt vorhersagen lassen, spricht vieles dafür, dass die Zahl der E-Fahrzeuge in den kommenden Jahren nochmals deutlich zunehmen wird. Auch die Anzahl von anderen Fahrzeugen mit alternativen Antrieben wird steigen. Anzunehmen ist außerdem, dass es nicht zu einer generellen Abschaffung der bisherigen Verbrennerfahrzeuge kommen wird.

Abb. 4.6: Ladesäulen im Freien sollten nicht in der Nähe von Rettungswegen und Feuerwehrflächen geplant werden. (Foto: © istock.com/saruservice)

Dies bedeutet, dass eine Art Mischnutzung von Garagen die nächsten Jahre brandschutztechnisch relevant sein wird. Eine rasche Erhöhung der Anzahl von E-Ladestationen indes kann im Einzelfall auch zum Nachteil gereichen, wenn diese nach dem Prinzip „Immer schneller, immer billiger" geschaffen werden, dann aber nicht mehr sicher sind.

Zusammenfassend ist festzustellen, dass insbesondere aufgrund des Batterielademanagements der Fahrzeuge in Verbindung mit der nur durch zugelassene Elektrofachkräfte installierten Ladeinfrastruktur keine erhöhten oder vergleichbare andere Gefahren gegenüber den bisherigen Randbedingungen von Garagen zu erwarten sind. Rechtlich ist es derzeit möglich – und bundesgesetzlich sogar vorgeschrieben –, eine Ladeinfrastruktur in Garagen einzubauen.

Hingewiesen sei an dieser Stelle auf die Publikation des Gesamtverbandes der Versicherer (GDV) VdS 3885 „Elektrofahrzeuge in geschlossenen Garagen – Sicherheitshinweise für die Wohnungswirtschaft" (2020).

4.2.2 Ladeinfrastruktur im Außenbereich

Für Ladeinfrastrukturen im Freien gibt es – für sich genommen – derzeit keine brandschutztechnischen Vorgaben. Allerdings existieren Vorgaben aus Technischen Regelwerken mit Mindestabständen zwischen klassischen Tankstellen mit Flüssigkraftstoffen und Ladesäulen (siehe Anhang 2 zu TRBS 3151 / TRGS 751 „Technische Regel für Betriebssicherheit – Vermeidung von Brand-, Explosions- und Druckgefährdungen an Tankstellen und Gasfüllanlagen zur Befüllung von Landfahrzeugen" (2024)). Diese Vorgaben gelten formal jedoch nicht generell für Außenladesäulen.

Würde beim Aufladen von Fahrzeugen von einem besonderen Risiko ausgegangen, so bedeuteten Abstandsregeln von 5 m und ggf. mehr zu angrenzenden Gebäuden im Grunde genommen das Aus für eine effektive Ladeinfrastruktur. Daher gilt es derzeit, sich mit schutzzielorientierten Annahmen weiterzuhelfen.

Die Anordnung von Ladesäulen in unmittelbarer Nähe zu Notausgängen und generell zu Ausgängen ins Freie (z. B. Ausgang aus einem notwendigen Treppenraum) sollten vermieden werden. Hilfreich erscheint hier ein Mindestabstand von 5 m oder bei Unterschreitungen von 5 m eine Art Flammschutzwand.

Ebenso sind, wie oben erwähnt, Abstände aus anderen Regelwerken für bestehende oder ggf. zukünftige (bauliche) Anlagen zu beachten (z. B. TRBS 3151 / TRGS 751 (2024)).

Grundsätzlich gilt auch hier: Bauordnungsrechtlich-sicherheitstechnisch wird von sicheren Produkten bei bestimmungsgemäßer Nutzung ausgegangen. Andererseits können mit Blick auf potenzielle Brandrisiken – wie bereits erwähnt – auch die Anschlussstecker selbst das Problem darstellen. In diesem Zusammenhang ist jedoch darauf hinzuweisen, dass das Batteriemanagementsystem auch defekte Stecker i. d. R. erkennt, sodass bei Detektion kein Ladevorgang stattfindet bzw. dieser dann abgebrochen wird.

4.3 Speicher

Im Folgenden wird zunächst eine generelle brandschutztechnische Bewertung der Risiken und Schutzziele von Elektrospeichersystemen vorgenommen.

Für die Aufstellung einer stationären Anlage sind die aus der objektspezifischen Ausgangssituation in Verbindung mit der speziellen Nutzungsabsicht ableitbaren bzw. feststellbaren Risiken und Gefährdungen für Personen und Sachwerte in brandschutztechnischer Hinsicht als durchschnittlich zu bewerten. Werden die bauordnungsrechtlichen Schutzziele berücksichtigt und umgesetzt, lassen sich diese Risiken als umfassend abgedeckt beurteilen.

Hinsichtlich der allgemeinen Schutzziele des Brandschutzes gilt: Priorität erlangen alle Maßnahmen, die bereits in der Entstehungsphase eines Brandes wirken und eine Gefährdung der Flucht-/Rettungswege verhindern. Dem Personenschutz wird dabei grundsätzlich Vorrang vor dem Sachwertschutz eingeräumt. Weiterhin wird den Maßnahmen Vorrang eingeräumt, die der Sicherung des Einsatzes der Feuerwehr dienen.

Bezüglich der nutzungsspezifischen Aspekte von stationären Energiespeicheranlagen ist davon auszugehen, dass brandrisikoträchtige Nutzungsarten nicht nachweisbar sind. Da einerseits keine offenen oder geschlossenen Zündquellen im Anlagenprozess verwendet und andererseits frei zugängige Brandlasten auf Kabelisolationen der Elektroenergieversorgung begrenzt werden, ist davon auszugehen, dass sich eine brandlastbedingte Risikosituation im Technikbereich nicht ergeben wird.

Grundsätzlich ist festzustellen, dass die Nutzung von wiederaufladbaren Lithium-Ionen-Batterien als aktive Komponente vorgesehen ist, d. h., es geht um ein ständiges Be-/Entladen. Bei den aus den Medien bekannten spektakulären Brandfällen mit solchen Akkus handelte es sich jeweils um mobile Endgeräte/Mobiltelefone bzw. PKW oder teils manipulierte Batterien von E-Bikes und E-Scootern. Sie sind daher grundsätzlich nicht mit den stationären Energiespeichern vergleichbar.

Hinzu kommt: Stationäre Energiespeicher sind einer kontinuierlichen elektrotechnischen System- und Prozessüberwachung durch das Batteriemanagementsystem unterlegen. Das heißt, jede Fehlsteuerung und Störung wird sofort und unmittelbar an den Prozessleitrechner übertragen. Es können demnach einerseits automatisch gesteuerte Abschaltprozesse in Gang gesetzt werden und andererseits können Wartungstechniker vor Ort die Störung lokalisieren.

Als Ursachen für die Zerstörung der Zellen bzw. Batteriemodule sind mechanische und elektrische Einwirkungen denkbar. Diese können aufgrund der Unterbringung in einem separaten Bauwerk und durch ein elektrisches Schutzkonzept auf ein vertretbares Minimum reduziert werden.

Anzumerken ist des Weiteren, dass die Systemtechnik von Energiespeicheranlagen in einem dauerhaft qualitäts- und prüfüberwachten Unternehmen vorgefertigt eingebaut wird. Es wird also vor Ort bei den Nutzenden bis auf den Einbau der Batteriemodule selbst keine Verdrahtung seitens eines üblichen Elektroinstallateurs vorgenommen, sondern die technologischen Aufbauprozesse finden – wie bei Endprodukten der Konsumgüterindustrie – in einem Herstellerwerk statt. Die Gesamtanlage ist daher nicht als „Do-It-Yourself-Baukasten"-System zu verstehen, sondern als fertiges Gerät. Vor Ort werden nur noch die Batteriemodule eingebaut und die Anschlüsse zur Einspeisung in das Energieversorgungsnetz vorgenommen.

Die Anlage erhält zum Schutz von Personen und Betriebsmitteln Schutzeinrichtungen und Mechanismen. Diese beinhalten u. a.:

- einen selektiven Überstromschutz im Mittel- und Niederspannungsnetz
- ggf. Punkt-Rauchmelder im System
- Fernleittechnik; der Betriebszustand kann bei Bedarf aus der Ferne kontrolliert werden
- ggf. ein Löschsystem gemäß den Versicherungsanforderungen als Objektschutzanlage

Durch zu erlassende Nutzungsvorschriften, die Beaufsichtigung bzw. den ausschließlichen Gebrauch der technischen Anlage durch eingewiesenes Personal und die üblichen/erforderlichen baulichen Sicherheitsmaßnahmen ist des Weiteren kein erhöhtes Brandrisiko zu verzeichnen.

Den durch Einwirkung von Naturkräften (elektrostatische Aufladung, Blitzschlag) entstehenden Brandrisiken wird begegnet, indem die für Art und Nutzung der baulichen Anlage üblichen technischen Gegenmaßnahmen getroffen werden. Brandstiftung als Zündquelle wird dabei ausgeschlossen, da gegen vorsätzliches Handeln nicht wirkungsvoll mit Maßnahmen des baulichen Brandschutzes vorgegangen werden kann. Im Gegenteil, durch zielgerichtetes Handeln einer Person können Maßnahmen des bautechnischen

Brandschutzes umgangen, blockiert oder vollständig wirkungslos gemacht werden.

Aus brandschutztechnischer Sicht ist festzustellen, dass Energiespeicheranlagen und ihre Ausrüstung hinsichtlich technologischer und technischer Zündquellenrelevanz grundsätzlich als nicht risikoträchtig zu bezeichnen sind. Grundlage für diese Einschätzung sind die (vorauszusetzende) geprüfte Anlagensicherheit, die ordnungsgemäße Ausführung und der bestimmungsgemäße Betrieb sowie das Vorhandensein der notwendigen/üblichen Sicherheitseinrichtungen/-vorkehrungen und die für die Anlage vorgeschriebenen Wartungs- und Inspektionsfristen. Sollte es dennoch zu einem Brand kommen, so wird ausschließlich ein Sachwertschaden die Folge sein.

4.3.1 Gewerbliche/industrielle Speicheranwendungen

Mit den klimapolitischen Zielen Deutschlands, aber auch Europas und der Welt wird die Herstellung und die Verteilung und damit die Logistik der Elektroenergie eine neue Dimension erreichen. Während bisher zumeist zentrale Kraftwerke die Energie erzeugten und diese hiernach flächig verteilt wird, wird durch das Erfordernis dezentraler kleinerer Kraftwerke wie Photovoltaikanlagen (PVA), Windenergieanlagen (WEA) im Inland und im Offshore-Bereich sowie Wasserkraftanlagen (WKA) auch die entsprechende Speicherung/Pufferung der erzeugten Energie zwingend notwendig.

Dies geschieht bereits heute und wird in Zukunft sprunghaft ansteigen. Ein ausgeglichener Energiehaushalt im Gesamtnetz muss nicht nur während der Erzeugungsphase (z. B. Sonnenschein, Wind usw.) stabil bleiben, sondern auch während der Verbrauchsphase, z. B. bei Windstille oder in der Nacht.

Insofern wird die Bedeutung von Elektrospeichersystemen, ob als zentralisierte Kraftwerksanlagen (u. a. Greenfield-Anwendung) oder als dezentrale Einzelstationen (BESS) deutlich zunehmen. Selbst die private Einzelanwendung (Homespeicher) wird für die Wirksamkeit des Gesamtnetzes und damit für die angedachte Energiewende zwingend erforderlich sein.

Es gibt im industriellen/gewerblichen Bereich eine Vielzahl an Konstellationen der Aufstellung von Energiespeicheranlagen. Für den brandschutztechnischen Betrachtungsfokus ist es dem Grunde nach unerheblich, woher die elektrische Energie zum Aufladen des Speichers kommt, und auch, wohin die Energie verbraucht wird. In diesem Zusammenhang ist indes die technische Ausgestaltung der Leitungsführung zu berücksichtigen.

Regelmäßig ergibt sich bei einer freistehenden Aufstellung die Konstellation, dass ein Energiespeicher (ggf. in Kombination mit Photovoltaikanlagen auf einem Dach) durch einen externen Betreiber bzw. Dienstleister auf einem (fremden) Grundstück aufgestellt und betrieben wird. Freistehend meint dabei im Sinne eines Abstands zu bestehenden anderen Gebäuden.

Bis zur Veröffentlichung der aktuellen Elektrobauverordnung (MEltBauV) im Februar 2022 lagen keine separaten Regelungen für Energiespeicheranlagen vor. Obwohl schon seit mehr als 40 Jahren Regelungen für Batterieanlagen für Sicherheitszwecke (i. d. R. als Batterieraum für Sicherheitsbeleuchtung o. Ä.) in der EltBauVO (2009; mittlerweile ersetzt durch die MEltBauV

2022) bestanden, wurden Energiespeicheranlagen für nicht sicherheitstechnische Zwecke erst kürzlich aufgenommen. Anzumerken ist auch, dass die bisherigen Batterieanlagen für Sicherheitszwecke andere Batterietechnologien/-typen beinhalteten und vor allem ihre Kapazität deutlich unter jener der hier beschriebenen Anlagen lag und liegt.

4.3.1.1 Aufstellung in/an Gebäuden

Nunmehr existieren mit der aktuellen MEltBauV Regelungen für die Aufstellung von Energiespeicheranlagen **in** Gebäuden. Diese hat in mindestens feuerhemmenden Räumen zu erfolgen bzw. die raumabschließenden Bauteile sind entsprechend dem Feuerwiderstand der tragenden und aussteifenden Bauteile gemäß der Gebäudeklasseneinstufung nach MBO zu realisieren (siehe auch Kapitel 3.2.1).

Zunächst ist daher festzustellen, dass für Energiespeicheranlagen, d. h. für die allgemeine Energieversorgung, nicht direkt für Sicherheitszwecke, der Anwendungsbereich der MEltBauV erreicht wird, wenn die Anlage **in** Gebäuden errichtet wird (§ 1 Abs. 1 Satz 2 MEltBauV).

Wie in allen Gesetzen und Verordnungen ist der Anwendungsbereich zu beachten und daher zu prüfen, ob es auch Anwendungsausschlüsse gibt. Dies ergibt sich konkret aus § 1 Abs. 2 MEltBauV:

„(2) Die Verordnung gilt nicht für

1. die Aufstellung der in Abs. 1 Nr. 1 und 2 genannten elektrischen Anlagen sowie der Energiespeichersysteme nach Satz 2 in
a) ausschließlich zu diesem Zweck genutzten freistehenden Gebäuden oder
b) durch Brandwände abgetrennten Gebäudeteilen,

2. die in § 1 Abs. 1 Nr. 3 genannten zentralen Anlagen mit einer Gesamtkapazität von nicht mehr als 2 kWh, für die nur verschlossene Batterien verwendet werden,

und

3. Energiespeichersysteme mit einer Batteriekapazität von insgesamt nicht mehr als 20 kWh für die allgemeine Stromversorgung in Gebäuden.“

Unter diesen Anwendungsausschluss fallen somit auch die Homespeicher bei einer Gesamtkapazität von nicht mehr als 20 kWh. Ebenso nicht geregelt sind freistehende Anlagen (BESS) oder Kraftwerksanlagen (Greenfield-Anwendungen).

Ein weiterer Fall, in dem die MEltBauV nicht zur Anwendung kommt, ergibt sich, wenn eine Energiespeicheranlage in einem separaten Gebäude (nur für die Unterbringung der Energiespeicheranlage) oder als Anbau mittels Brandwand vom übrigen Gebäude abgetrennt errichtet wird. Das heißt indes nicht, dass für den Raum bzw. den Anbau selbst keine Anforderungen bestehen können, denn möglicherweise ergeben sich diese bereits aus der (Landes-) Bauordnung.

Hinzuweisen ist darauf, dass der Begriff „Brandwand“ eindeutig geregelt ist. Brandwände sind nach § 30 Abs. 3 Satz 1 MBO wie folgt beschrieben:

„Brandwände müssen auch unter zusätzlicher mechanischer Beanspruchung feuerbeständig sein und aus nichtbrennbaren Baustoffen bestehen.“

Das heißt, eine Wand anstelle einer Brandwand (§ 30 Abs. 3 Satz 2 MBO) ist für den vorgenannten Fall nicht zulässig! Dies ergibt sich insbesondere in Gebäuden der Gebäudeklasse 3 und 4 mit möglicherweise statisch-konstruktiven Besonderheiten, wenn die Grundkonstruktion mit einem geringeren Feuerwiderstand als 90 Minuten errichtet werden darf, die Trennung zum Energiespeicher jedoch eine Brandwand sein soll. Aus fachlicher Sicht ist eine feuerbeständige Trennung eines Energiespeichers von anderen Gebäuden in jedem Fall zielführend und wichtig.

Es ist das Zwischenfazit zu ziehen, dass es mit Einführung der MEltBauV vom 22. Februar 2022 eine gesetzliche Regelungen für die Aufstellung von Energiespeicheranlagen **in** Gebäuden (nach § 8 MEltBauV) gibt, für die zunächst hinsichtlich des Feuerwiderstandes des Raumabschlusses Anforderungen existieren. In fachlich sinnvoller Konsequenz sind mindestens die Feuerwiderstände einzuhalten, die die tragenden Bauteile selbst haben. Das heißt, in oberirdischen Geschossen eines Gebäudes der Gebäudeklasse 3 ist mindestens eine feuerhemmende Abtrennung der Energiespeicheranlage vorzusehen, für Gebäudeklasse 4 eine hochfeuerhemmende und für die Gebäudeklasse 5 eine feuerbeständige Abtrennung. Einen direkten Ausschluss für raumabschließende Bauteile aus Holz gibt es nicht, jedoch sollte, wie bereits in Kapitel 3.2.1 erläutert, nicht mit brennbaren Materialien wie Holz geplant werden.

Die vorgenannten Anforderungen an den Feuerwiderstand der raumabschließenden Bauteile gelten im Übrigen auch für Räume im obersten Geschoss. Dazu heißt es seitens der Fachkommission Bauaufsicht – Arbeitskreis TGA in der „Synopse mit Darstellung und Begründung der Änderungen gegenüber der Vorgängerfassung Januar 2009“ vom 26. Mai 2021:

„Im obersten Geschoss werden [nach MBO; Anm. d. Verf.] keine Anforderungen an die Feuerwiderstandsfähigkeit von Wänden und Stützen gestellt, wenn darüber keine Aufenthaltsräume liegen. Daher wird für tragende Wände und Stützen die Mindestanforderung ‚feuerhemmend‘ erhoben, weil in diesen Betriebsräumen eine besondere, über das normale Maß hinausgehende Brandlast in das Gebäude vorhanden ist.“

In der Fachwelt nicht unumstritten ist die Anforderung nach § 8 Satz 3 MEltBauV hinsichtlich des Einbaus einer Löschanlage:

„Elektrische Betriebsräume müssen entraucht werden können und über eine selbsttätige Löschanlage verfügen, wenn die Gesamtkapazität der Energiespeichersysteme innerhalb eines elektrischen Betriebsraumes insgesamt mehr als 100 kWh beträgt.“

Eine gewissen Unsicherheit dahingehend lässt sich auch aus der oben genannten „Synopse mit Darstellung und Begründung der Änderungen gegenüber der Vorgängerfassung Januar 2009“ ableiten. Dort heißt es (Seite 5, Spalte 3, Zeile 7): *„Grenzwert von 100 kWh ggf. über Anhörung verifizieren“.*

Zunächst ist voranzustellen, dass die MEltBauV keine konkrete Aussage zum Löschsystem trifft. Dies ist gesetzgeberisch nachvollziehbar. Einerseits ergibt sich eine Offenheit gegenüber aktuellen und zukünftigen Löschsystemen, andererseits wird natürlich vorausgesetzt, dass immer nur für den Anwendungszweck geeignete und zugelassene Systeme verwendet werden. Hierzu liegen (nicht gesetzliche) Technische Regelwerke vor.

Umstritten ist die Anforderung nach Löschanlagen nicht, weil ihre Effizienz bei der Brandbekämpfung infrage gestellt wird. Vielmehr ist der technologische und wirtschaftliche Aufwand für den Einbau einer solchen Anlage bei Gebäuden, die nicht ohnehin aus anderen Gründen über eine Löschanlage verfügen, nur für den Schutz des Energiespeichers relativ hoch. Hinzu kommt, dass es verschiedene Ansätze für Löschtechnologien auf dem Markt gibt, die sich erst noch für den konkreten Anwendungsfall etablieren müssen. Und: Die Gesetzgebung regelt nicht, welches Schutzziel erreicht werden soll. Möglicherweise wird es bei einer der nächsten Aktualisierungen der MVV TB, Anhang 14, Pkt. 10, klarstellende Aussagen und Anforderungen diesbezüglich geben.

Hinsichtlich der fachlich nachvollziehbaren Anforderung nach einer Rauchableitung aus dem Raum ist ebenso festzustellen, dass keine Dimensionierungsgrundlage vorgegeben wird. Es stellt sich zudem die Frage, ob die Rauchableitung – aus Gesetzessicht – auch an den Grenzwert von 100 kWh Grenzwert geknüpft ist oder nicht. Aus fachlicher Sicht – auch von Feuerwehrgremien – ist eine Rauchableitung für den Anwendungsbereich von Energiespeicheranlagen in Gebäuden nach MEltBauV immer notwendig!

Wie aktuelle Forschungsergebnisse (siehe z. B. Forschungsprojekt BEGIN-HVS; Kunkelmann, 2026; Neske et al., 2024; Zehfuß, Sander, 2020; vfdb-Forschungsvorhaben SEKUR) zeigen, entstehen im Vorfeld eines Brandes von Batteriespeichersystemen bei der Zellzerstörung (von innen heraus) Venting-Gase, die zunächst schwerer als Luft sind und sich daher bodennah ansammeln. Erst beim „richtigen" Brand mit Beteiligung der anderen Feststoffe entstehen Rauchgase, die typischerweise im oberen Raumdrittel abzuleiten sind. Hinzu kommt im Brandfall von Batteriezellen die explosionsartige Verbrennung mit dem Erfordernis einer Druckentlastung. Eine konkrete Dimensionierung lässt sich hier nicht allgemein vorgeben. Weitere Untersuchungen sollten daher zukünftig zeigen, ob eine Kombination aus Druckentlastungsöffnungen und Rauchableitungsöffnungen sinnvoll sein kann. Als Mindest-Rauchableitungsöffnung empfiehlt sich, wie bereits beschrieben, eine geometrisch freie Öffnung von 0,5 m^2.

Auf die verschiedenartigen Konstellationen zur Anordnung von Räumen für Energiespeicheranlagen in Gebäuden soll hier nicht näher eingegangen werden. Im Sinne einer technologisch sinnhaften Anordnung bietet sich ohnehin vornehmlich ein Raum im Erdgeschoss an (ebenerdige Einbringung von schweren Batteriezellschränken) oder aber auf dem Dach (kranfähig). Der Vorteil einer ebenerdigen Anordnung: Ein potenzieller Feuerwehreinsatz und die Rauchableitung lassen sich erheblich besser durchführen als bei einer Verortung der Räume beispielsweise in Untergeschossen.

Aufgrund der hohen Verbrennungsenergie im Brandfall ist aus fachlicher Perspektive auch auf das Erfordernis eines Brandüberschlagsweges hinzuweisen. Es sollten Abstände von mindestens 1 m zwischen Öffnungen zum

Aufstellraum von Energiespeicheranlagen und anderen Öffnungen (z. B. Fenstern) in Verbindung mit der konsequenten Verwendung von nichtbrennbaren Dämmstoffen im Fassadenbereich vorgesehen werden.

Ebenso schließt sich nach derzeitigem Erkenntnisstand – wie bereits betont – die Aufstellung von Energiespeichern ohne besondere Schutzmaßnahmen in Gebäuden in Holzbauweise oder Holzfassaden aus.

Abschließend sei darauf verwiesen, dass bei der Aufstellung an (anderweitig genutzten) Gebäuden auch das Dach des Aufstellraumes feuerbeständig (mindestens 5 m; vgl. § 32 Abs. 7 MBO) herzustellen ist.

Praxistipp

Grundsätzlich empfiehlt sich, große Energiespeicheranlagen **nicht in** (anderweitig) genutzten Gebäuden unterzubringen. Ratsam ist eine freie Aufstellung – bei genügend Abstand sogar ohne Feuerwiderstandsanforderungen an den Aufstellraum – oder eine separate feuerbeständige Aufstellung **an** Gebäuden.

4.3.1.2 Freistehende Aufstellung

An dieser Stelle sollen zunächst einzelne Batteriespeichersysteme (BESS) bzw. die Aufstellung von Energiespeicheranlagen auf Grundstücken in unmittelbarem Zusammenhang mit Gebäuden beleuchtet werden. Im Anschluss werden Überlegungen diskutiert, die die Aufstellung der Batteriespeicher bzw. -einheiten untereinander betreffen.

Diese Anwendung fällt, wie bereits dargelegt, nicht mehr in den Geltungsbereich der MEltBauV. Das heißt, bei einer freistehenden Aufstellung von über 5 m zu anderen Gebäuden bzw. mindestens 2,50 m zur Grundstücksgrenze handelt es sich um eine eigenständige bauliche Anlage, die separat nach (Landes-)Bauordnung zu bewerten ist.

Wie in Kapitel 3.1 bereits beschrieben, ist zu klären, ob die Einordnung in eine Gebäudeklasse erforderlich ist (wenn überhaupt, wäre eine Einordnung in die Gebäudeklasse 1, vgl. § 2 Abs. 3 Nr. 1 MBO, zutreffend). Für freistehende BESS erscheint die Einordnung in eine Gebäudeklasse dabei wenig sinnvoll, da die Bauordnung primär die Errichtung von Gebäuden für Aufenthaltszwecke thematisiert, was hier nicht zutrifft. Auch die in Kommentierungen der Bauordnung hinsichtlich der Gebäudeeinordnung erwähnte „Unterbringung von Sachen“ bzw. „Aufbewahrung von Gegenständen“ (vgl. z. B. den Kommentar zu § 2 Abs. 5 SächsBO, Rn. 122–123, in Jäde et al., 2024), wie es beispielsweise auf Lagerräume, Garagen und Räume für nicht ständig genutzte Aufenthaltsräume zutrifft, zielt zumindest darauf ab, dass eine Art überdachter Freiraum geschaffen wird, in dem eine mobile Unterbringung von Gegenständen erfolgt. Bei Batteriespeicheranlagen – sofern sie im Inneren überhaupt betretbar sind – handelt es sich indes um im Grunde genommen fest installierte Elektrobauteile, deren einziger Zweck die Batterieunterbringung und Speicherung ist. Die Einordnung in eine Gebäudeklasse bringt daher brandschutztechnisch und verfahrensrechtlich keinerlei Vor- oder Nachteile.

Interessanter ist demnach die Fragestellung, ob es sich bei der baulichen Anlage eines Energiespeichersystems um einen Sonderbau handelt oder nicht. Wie bereits in Kapitel 3.1 ausgeführt, erscheint brandschutztechnisch und verfahrensrechtlich die Einordnung als Sonderbau auf Grundlage von § 2 Abs. 4 Nr. 19 MBO oder § 2 Abs. 4 Nr. 20 MBO i. V. m. § 51 MBO sinnvoll.

Die Alternative wäre eine bauordnungsrechtliche Richtlinie, Technische Regel oder Verordnung – ähnlich wie die M-GarVO. Garagen sind bis auf Ausnahmen in den meisten Bundesländern keine Sonderbauten und daher – abweichend von der jeweiligen Landesbauordnung – geregelte Nicht-Sonderbauten. In einer solchen Richtlinie könnten alle Mindestanforderungen, die die Gesetzgebung für erforderlich hält, geregelt werden. Vorteil wäre dann verfahrensrechtlich, dass ein einfaches Genehmigungsverfahren nach § 63 MBO durchgeführt werden könnte, um schnellere Genehmigungen zu erreichen.

Ein Genehmigungsfreistellungsverfahren (§ 62 MBO) oder eine verfahrensfreie Maßnahme (für Großspeicheranlagen) nach § 61 MBO dagegen erscheinen aufgrund der derzeitigen Erkenntnisse von Brandereignissen im Sinne des Gefahrenabwehrrechts als nicht zielführend. Wegen der – im Brandfall – erkennbaren Gefahren bei Energiespeicheranlagen für Grundstückseigentümer selbst oder Nachbargrundstücke sollte hier ein staatliches/gesetzgeberisches Eingreifen weiterhin notwendig bleiben.

Bei der freistehenden Aufstellung wird aktuell unterschieden zwischen 2 Formen:

- dezentrale Aufstellung in unmittelbarer Nähe zu (Industrie-)Gebäuden mit dem Zweck der Speicherung von Energieüberschüssen
- Greenfield-Aufstellungen an oder bei PVA-Freiflächenanlagen und/oder Windenergieanlagen in Form von Batteriespeicherparks/-farmen oder -kraftwerken

Die dezentralen Aufstellungen in unmittelbarer Nähe zu (Industrie-)Gebäuden haben den Zweck, Energieüberschüsse aus PVA oder anderen Anlagen zu speichern bzw. zu puffern und diese bei Bedarf wieder in das Unternehmensnetz einzuspeisen. Bei solchen Anlagen handelt es sich oft um Mietanlagen oder Fremdanlagen, die durch Fremddienstleister errichtet und betrieben werden (ähnlich einem Contracting-Verfahren).

Diese dezentralen Aufstellungen erfolgen i. d. R. mittels Fertigmodulen in Containern, die auf Streifen oder Plattenfundamenten auf dem Betriebsgelände aufgestellt werden. Es gibt unzählige Kombinationen, wie diese Anlagen konkret angeordnet werden können. In der Regel handelt es sich um 1 oder 2 Batteriecontainer zuzüglich einer Wechselrichtereinheit und eines Trafos. Da eine konkrete Rechtslage fehlt, erfolgte die Orientierung bislang an den Vorgaben der Verordnung über brennbare Flüssigkeiten (VbF) und der TRbF20 „Technische Regeln für brennbare Flüssigkeiten – Läger“ (2001), und damit später anhand der Vorgaben der TRGS 510 „Technische Regeln für Gefahrstoffe – Lagerung von Gefahrstoffen in ortsbeweglichen Behältern" (2021). Dies war insbesondere für die Schutzabstände zwischen (normalen) Gebäuden und den Energiespeicheranlagen wichtig. Demnach ist ein Abstand von 10 m von der Außenkante des Containers bzw. der Anlagentechnik zu bestehenden/zukünftigen Gebäuden vorgesehen, um eine freistehende Aufstellung ohne besondere Anforderungen an das BESS hinsichtlich des bautechnischen Brandschutzes zu ermöglichen.

Bei einem Abstand von unter 10 m werden i. d. R. zumindest die Batteriecontainer mit Feuerwiderstand ausgestattet. Dieser Feuerwiderstand – vor allem der Außenwände – ist dahingehend mit Vorsicht zu betrachten, als dass die bekannten Ansätze und Detailausführungen aus dem klassischen Massivbau hier nicht zur Anwendung kommen. Zwar weisen die Modulcontainer in ihrer Bauweise des Tragwerks und der Sandwich-Außenwände einen Feuerwiderstand auf, jedoch sind Detailanschlüsse und Durchführungen sowie Öffnungen in den raumabschließenden Bauteilen nicht geregelt bzw. i. d. R. nicht geprüft oder gar nach aktuellem europäischen oder deutschen Bauordnungsrecht zugelassen.

Die zweite derzeit sehr stark zunehmende Aufstellung sind die Greenfield-Aufstellungen an bzw. bei PVA-Freiflächenanlagen und/oder Windenergieanlagen. Dabei handelt es sich um Batteriespeicherparks/-farmen oder -kraftwerke. Bei derartigen Aufstellungsformen werden mehrere Speichercontainer aufgestellt, um so sehr große Energiemengen zu speichern und ins Energienetz einzuspeisen. Derartige Anlagen sind unabhängig von anderen Gebäuden, wirken quasi autark. Bei Greenfield-Aufstellungen ist die generelle bauordnungsrechtliche und brandschutztechnische Frage der Einordnung und Bewertung neu zu stellen. Einerseits sind in diesen Anlagen keine Aufenthaltsräume angeordnet, sodass die klassische bauordnungsrechtliche Herangehensweise nicht zielführend ist. Andererseits sind aufgrund der sehr großen Energiedichten und der Anzahl der Speichereinheiten im Brandfall ein sehr hohes Schadenaufkommen und ein hohes Risiko zu verzeichnen.

So stellt sich bei Greenfield-Aufstellungen vor allem die Frage der Mindestabstände zwischen mehreren gleichartigen Batteriecontainern. Die für dezentrale, vornehmlich kleinere Anlagen bereits beschriebenen Annäherungen an brandschutztechnische Bewertungen entsprechend den oben genannten Technischen Regeln für Gefahrstoffe, aus denen sich die – über die bauordnungsrechtlich bekannten 5-m-Abstände hinausgehenden – Mindestabstände von 10 m ableiten, erscheinen hier nicht zielführend. Diese Annäherungen beziehen sich auf Abstände zwischen Energiespeicheranlagen ohne besondere Schutzmaßnahmen und andere Gebäude bzw. bauliche Anlagen. Zwischen mehreren gleichartigen Batteriecontainern ist dieser Mindestabstand dahingegen wenig sinnvoll bzw. er vergrößerte den Flächenverbrauch erheblich, ohne dass hieraus ein Sicherheitsgewinn erkennbar ist.

Um sich der Frage der Mindestabstände bei der Anordnung mehrerer BESS anzunähern, ist vorauszuschicken, dass nicht bauordnungsrechtliche Anforderungen an erster Stelle stehen, sondern vornehmlich elektrotechnisch-sicherheitstechnische, betreiberseitig privatrechtliche sowie versicherungstechnische Belange. Diese gilt es kurz zu beleuchten.

Abb. 4.7: Typische Anordnung von BESS – hier auf einer Bodenplatte; diese ist nicht immer zwingend erforderlich. (Foto: © istock.com/onurdongel)

Elektrotechnisch-sicherheitstechnische Belange

Im Zusammenhang mit der Aufstellung und dem Betrieb elektrotechnischer Anlagen ergeben sich Mindestabstände von 3 m zur Vermeidung von Störlichtbögen (vgl. DIN VDE 0105-100 „Betrieb von elektrischen Anlagen – Teil 100: Allgemeine Festlegungen" (2015), hier: Tabelle 102 „Schutzabstände bei Arbeiten nach 6.4.3.101, 6.4.3.103, 6.4.3.104, 6.4.3.106, 6.4.3.107 und 6.4.4.103" i. V. m. Tabelle 103 „Annäherungszone, Schutzabstände bei Arbeiten nach 6.4.4.102"). Zudem ergeben sich elektrotechnisch sinnhafte Maximalaufstellkombinationen zwischen Batteriespeicher, Wechselrichter und Trafo. Diese sind einerseits leitungsnetzbedingt, d. h. es geht um die Vermeidung langer Übertragungswege aufgrund von Energieverlusten bzw. Widerständen, und andererseits kapazitätsbedingt.

Insofern ist das direkte Nebeneinanderstellen von BESS zwar denkbar, aber aufgrund der vorgenannten Belange sowie des Erfordernisses, die BESS entsprechend der entstehenden Wärmeenergie mit technischen Abwärme-/Lüftungsöffnungen zu versehen, nicht oder nur teilweise möglich.

Das Übereinanderstapeln von freistehenden BESS wird bisher ausgeschlossen, da sich durch den ggf. erforderlichen Batterieaustausch keine sinnvolle konstruktive Logistik ergibt.

Betreiberseitig privatrechtliche und versicherungstechnische Belange

Die Errichtung von BESS bedeutet einen enormen wirtschaftlichen Aufwand. Das Versagen bzw. der Ausfall eines BESS, nur eines Teils davon oder gar mehrerer Einheiten bedeutet somit ebenfalls einen hohen wirtschaftlichen Verlust. Daher ist bei der Planung von Energiespeicherparks, ausgehend von der zur Verfügung stehenden Gesamtfläche, auch aus dieser Perspektive die Aufstellung zu optimieren und zunächst die Frage zu stellen, welcher Maximalverlust akzeptiert werden kann. Handelt es sich dabei nur um einen Batteriecontainer mit Wechselrichtereinheit und Trafo, sind entsprechende Abstände (vornehmlich mindestens 5 m) zu anderen bzw. benachbarten Einheiten erforderlich. Ist ein größerer Verlust annehmbar bzw. wird das Gesamtrisiko als weniger kritisch bewertet, können auch mehrere Einheiten zu Clustern zusammengefasst werden.

Im Zusammenhang mit der Errichtung von Speicherparks, die generell zur Systemstabilisierung des Elektroverteilernetzes dienen, sind hinsichtlich der Risikobewertung auch Maßnahmen im Zusammenhang mit Kritischer Infrastruktur (KRITIS; vgl. BSI-KritisV) zu beachten. So muss die Aufrechterhaltung der Energienetze als eine der wichtigsten Aufgaben auch einhergehen mit der Verfügbarkeit von Elektrospeicheranlagen. Daher sind bei der Betrachtung von Schadenszenarien bzw. Ausfällen von Energiespeicheranlagen durch Brand oder andere Ereignisse sowohl Teilverluste als auch Totalverluste ganzer Anlagen zu berücksichtigen. Hier sind Einzelausfälle aus internen Brandereignissen oder Störungen auf eine BESS bzw. ein Cluster reduzierbar und durch entsprechende Sicherheitsabstände auch beherrschbar.

Bei externen Brandereignissen bzw. absichtlichen Zerstörungen (Vandalismus) sind indes andere Sicherheitsmaßnahmen erforderlich. Generell sind Energiespeicheranlagen durch mechanischen Intrusionsschutz (Zäune, Gitter, Absperrungen, Schließsysteme) geschützt. Bei KRITIS-Anlagen sollte darüber hinaus ein weitergehender, äußerer Schutz geplant werden (z. B. bunkerartige Bauweisen mit feuerwiderstandsfähigen Außenumhüllungen).

Bauordnungsrechtlich-brandschutztechnische Belange

Grundsätzlich sollte die brandschutztechnische Bewertung von freistehenden Energiespeicheranlagen aus fachtechnischer Sicht nicht mit den bisher bekannten Standard-Bauordnungsrechtsvorschriften erfolgen.

Das bisherige, gewachsene Bauordnungsrecht basiert auf dem obersten Schutzziel des Personenschutzes, einerseits in Bezug auf den Schutz der Personen im betroffenen Gebäude (sofern möglich; einschließlich Rettungskräfte) und andererseits in Bezug auf nachbarliche – nicht vom Brand betroffene – Personen. Weitere Schutzziele ergeben sich vor allem aus nachbarrechtlichen und gesellschaftspolitischen Belangen (u. a. Umweltrecht). Der Schutz von Sachgütern (immobil/mobil) wird i. d. R. nur bedingt, z. B. im Rahmen des Denkmalschutzes, betrachtet. Ansonsten gilt auch bei Sachwertschutzbelangen immer „nur“ der nachbarliche Schutz, nicht jedoch der Erhalt des Brandobjektes selbst.

Alle materiellen Anforderungen des Bauordnungsrechts hinsichtlich Baustoffen, Bauteilen, Bauarten und auch die personenbezogenen Rettungsweganforderungen sind für Gebäude konzipiert. Für rein technisch ausgerichtete Gebäude bzw. bauliche Anlagen sind sie weder gedacht noch zielführend.

Vor diesem Hintergrund gilt es, bisherige bauordnungsrechtliche Denkweisen hinsichtlich der Abstände, Brandabschnitte, des Feuerwiderstandes, des Löschwassers und selbst der Brandbekämpfung für Energiespeicheranlagen zu überdenken.

Auch die bisherige Betrachtungsweise, je größer – d. h., je mehr Elektroenergie gespeichert wird – desto gefährlicher und desto mehr Schutzaufwand, ist bei freistehenden Energiespeicheranlagen/-parks nicht nachvollziehbar, da die Größe der Gesamtanlage keine Relevanz für das Gefahrenpotenzial hat bzw. aufgrund der genannten technologisch bedingten Abstände keine größere Gefährdung mit sich bringt.

Seitens der Herstellerindustrie wurden und werden Realbrandversuche (z. B. sog. Large-Scale-Fire-Tests) an Batteriecontainern durchgeführt. Diese sollen Ergebnisse darüber liefern, wie ein Brandereignis abläuft und wie dicht Batteriecontainer aneinanderstehen können, ohne dass hierbei ein Brandereignis mehrere Container betrifft bzw. weitergeleitet wird. Wie bei allen Versuchsaufbauten kommt es dabei stets darauf an, was wann wie getestet wurde (vgl. Kapitel 1.2) und inwieweit die Versuchsergebnisse verallgemeinert werden können bzw. welche Grenzen zu beachten sind.

Im individuellen Einzelfall ist es zukünftig denkbar, dass solche Versuchsergebnisse in einvernehmlicher Abstimmung mit den Prüfinstanzen (Bauaufsicht, ggf. Prüfingenieur/Prüfsachverständiger für Brandschutz sowie Brandschutzdienststelle) verwendet werden können, um Abstände von BESS untereinander oder zu anderen Gebäuden zu reduzieren – vorausgesetzt, eine Brandausbreitung bzw. -weiterleitung von Container zu Container bzw. von Cluster zu Cluster kann ausgeschlossen werden bzw. ist über einen hinreichend langen Zeitraum nicht zu erwarten.

Indes erscheint, so das Ergebnis einer im BVES-Gremium geführten internen Fachdiskussion, eine Nachweisführung mittels Brandsimulationen aufgrund eines dynamischen und wenig reproduzierbaren Brandverhaltens bzw. Brandverlaufs nicht geeignet.

Einige zu empfehlende Mindestabstände für gewerbliche Speicheranlagen finden sich im nachstehenden Praxistipp. Ergänzend sei erwähnt, dass auch in der 3. Auflage des aktualisierten BVES-Leitfadens „Vorbeugender und abwehrender Brandschutz bei Lithium-Ionen Großspeichersystemen“ (2025) Konkretisierungen der Abstandsregelungen vorgenommen werden.

Praxistipp

Empfohlene Mindestabstände für gewerbliche Speicheranlagen:

- 10 m zu angrenzenden Gebäuden auf demselben oder einem Nachbargrundstück
- 5 m zur Grundstücksgrenze
- 5 m zu Parkflächen und Lager- /Abstellflächen
- 20 m zu Waldflächen
- 3 m zu Feuerwehrfahrwegen
- 10 m zu Feuerwehrbewegungsflächen

Im Zuge der Überlegungen, wie die Aufstellung freistehender Batteriecontainer optimiert werden kann, folgte in der Vergangenheit u. a. auch die Errichtung von freistehenden Flammschutzwänden zur Be- oder gar Verhinderung der Brandübertragung. Eine gesetzgeberische Anforderung oder wissenschaftliche Beweisführung der Wirksamkeit existiert zwar nicht, jedoch sind solche Trennungen aus Technischen Regelwerken bekannt. Ob sie sich – zumal technisch aufwendig, wenn sie monolithisch hergestellt sind – dauerhaft durchsetzen, ist fraglich. Eine interessante Alternative sind, auch temporär bzw. rückbaubar, gestapelte Stahlbetonsteine (sog. Monoblock) als Trennung.

Hinsichtlich solcher Wände ist die Frage, wie weit sie nach oben und nach vorne/hinten überstehen sollten. Aus brandschutztechnischer Sicht sind 1 m und mehr zu bevorzugen; bauordnungsrechtlich ist im Analogieschluss mit der Industriebaurichtlinie (MIndBauRL) eher 0,5 m bekannt.

Die vornehmlich aus elektrotechnischer Sicht zu beantwortende Frage wird sein, wie sich der Abstand zwischen Flammschutzwand und Batteriecontainer gestaltet. Einerseits müssen dabei wärmetechnische Belange berücksichtigt werden, andererseits muss ein Passieren bzw. Nähern in diesem Abstand noch zulässig sein. Führten diese Randbedingungen zu noch größeren Abständen als bei einer Freiaufstellung ohne Flammschutzwand, ist der Anwendungszweck obsolet. Interessant wäre dies dann nur noch für KRITIS-Objekte.

Die Löschwasserbereitstellung für den Grundschutz ist gesetzliche Aufgabe der Gemeinde. Da freistehende Speicherparks oftmals außerhalb von Bebauungen (ggf. auch im Außenbereich) errichtet werden, muss davon ausgegangen werden, dass dort keine kommunale Löschwasserversorgung vorhanden ist. Die fachliche Diskussion, ob der kommunale Grundschutz überhaupt erforderlich und ausreichend ist, ist noch zu führen. Wie bereits dargelegt, empfiehlt es sich jedoch nicht, die bisher bekannten Rechtsregelungen als Grundlage für die betrachteten Anlagen heranzuziehen.

Mithin ist generell festzustellen, dass – abgesehen von den Angaben aus der MindBauRL – keine eingeführte bauordnungsrechtliche Vorschrift bzw. Regel für die erforderliche Wassermenge zur Löschwasserversorgung vorliegt.

Insofern ist, wie in Kapitel 3.2.2.4 bereits angerissen, die Frage nach dem Zweck der Löschwasserversorgung durchaus gegeben. Vor allem im Hinblick auf die beiden aktuell größten Herausforderungen und Fragestellungen, ob ein brennender Batteriespeicher überhaupt gelöscht werden kann und ob das ggf. kontaminierte Löschwasser umweltrechtlich zurückgehalten werden muss, ist zu überlegen, welche Maßnahme hinsichtlich der Löschwasserversorgung sinnhaft erscheint.

Eine großflächige, freistehende Energiespeicheranlage außerhalb von Gemeinden bzw. mit entsprechender Entfernung stellt im Brandfall – trotz Abständen der Batteriecontainer untereinander – immer eine Herausforderung für die Einsatzkräfte der Feuerwehr dar. So ist eine Mindest-Löschwasserversorgung in hilfsweiser Anlehnung an die AGBF-Empfehlung „Brandschutz in Umspannwerken und vergleichbaren abgeschlossenen elektrischen Betriebsstätten“ (2024, S. 6) von 48 m^3/h ratsam.

Für vergleichsweise kleine Speicheranlagen – z. B. dezentrale Einzelanlagen an Photovoltaik-Freiflächenanlagen / Agri-PV oder Einzelanlagen direkt an bzw. neben Windenergieanlagen – kann im Einvernehmen mit den Genehmigungsinstanzen ggf. sogar vollkommen auf eine Eigen-Löschwasserversorgung verzichtet werden.

Im BVES-Leitfaden heißt es: *„Für das Vorgehen bei Einsätzen mit Beteiligung von stationären Lithium-Ionen Großspeichern ist die DIN VDE 0132 ‚Brandbekämpfung und technische Hilfeleistung im Bereich elektrischer Anlagen' zu beachten."* (BVES, 2025, S. 57) Zudem ist als Schutzziel die Verhinderung der Brandübertragung auf benachbarte, nicht vom Brand betroffene Batteriecontainer/Anlagen zu benennen.

Der Versuch, eine brennende Batterieanlage abzulöschen bzw. zu kühlen, ist sicherlich einem kontrolliertem Abbrand vorzuziehen. Indes stellen sich diesbezüglich immer auch Fragen, wie z. B., wie nah die Einsatzkräfte im Brandfall an das Brandgut herankommen, ob sich die Türen nach hoher thermischer Belastung noch öffnen lassen usw.

Hinsichtlich der Löschwasserrückhaltung ergibt sich ein stark zu differenzierendes Bild. Dass im Brandfall die brennenden (Rest-)Stoffe mit dem nicht verdampften Löschwasser zusammen ein verunreinigtes Stoff-Wasser-Gemisch entstehen lassen, ist bekannt und seit jeher ein Problem. Dass der Gesetzgeber zur Vermeidung bzw. Verhinderung der daraus ableitbaren lokalen, nationalen oder auch globalen Schäden regulierend eingriff, geschah erst nach der Großschadenslage beim Brand des Schweizer Sandoz-Konzerns am 1. November 1986 in Basel, bei dem mit Pflanzenschutzmittel verunreinigtes Löschwasser in den Rhein floss, was eine große Umweltkatastrophe nach sich zog.

Deutschland reagierte hierauf formal im August 1992, wobei entsprechende Vorberatungen gleich nach der Katastrophe mit der Veröffentlichung der Muster-Richtlinie zur Bemessung von Löschwasser-Rückhalteanlagen beim Lagern wassergefährdender Stoffe (LöRüRL) begannen. Diese Richtlinie wurde bald in allen Bundesländern als Technische Baubestimmung eingeführt. Mittlerweile wurde sie formal abgelöst durch die Anwendung der AwSV.

Zur Löschwasserrückhaltung heißt es im Vorwort der VdS 2557 „Planung und Einbau von Löschwasser-Rückhalteeinrichtungen" (2023, S. 5):

„ […] Verunreinigtes Löschwasser kann große Folgeschäden verursachen, wenn es ins Oberflächenwasser gelangt oder im Erdreich versickert, zu einer Kontamination des Grundwassers führt oder die Kläranlage beeinträchtigt. Verunreinigtes Löschwasser darf daher grundsätzlich nicht in Gewässer eingeleitet werden oder unkontrolliert austreten, wenn eine nachteilige Veränderung der Eigenschaften von Gewässern nicht auszuschließen ist.

Viele Betreiber industrieller oder gewerblicher Anlagen sind sich ihres grundsätzlichen Verursacherrisikos (Betreiberhaftpflicht) häufig nicht bewusst. Aufgrund der allgemeinen Sorgfaltspflicht gemäß Kapitel 1 § 5 Abs. 1 Wasserhaushaltsgesetz (WHG) ist jedermann verpflichtet, ‚... bei Maßnahmen, mit denen Einwirkungen auf ein Gewässer verbunden sein können, die nach den Umstän-

den erforderliche Sorgfalt anzuwenden, um eine nachteilige Veränderung der Gewässereigenschaften zu vermeiden ...'.

Kommt es durch verunreinigtes Löschwasser zu einer erheblichen Gewässerverunreinigung, zu erheblichen Schäden an geschützten Arten oder zu erheblichen Schäden an geschützten Lebensräumen, haftet der Verantwortliche nach dem Umweltschadengesetz (USchadG) vom 10. Mai 2007. Nach § 6 USchadG muss der Verantwortliche die Kosten von behördlich angeordneten Sanierungspflichten tragen. Verunreinigt das Löschwasser den Boden, ist eine Sanierungspflicht nach dem Bundes-Bodenschutzgesetz (BBodSchG) gegeben.

Der Betreiber haftet nicht nur nach dem Verursacherprinzip für seine Betriebsrisiken, sondern kann auch in besonderen Fällen als Eigentümer für die im Rahmen eines Feuerwehreinsatzes entstandenen Folgeschäden, z. B. infolge des Einsatzes wassergefährdender Löschmittel, zur Verantwortung gezogen werden. [...]"

Mit diesem Grundsatz müsste natürlich jedwede Unternehmung entsprechende Überlegungen zur Löschwasserrückhaltung anstellen, da bei jedem Brand kontaminiertes Löschwasser entsteht. Die Rechtsfrage ist, was – nach vorgenannten Gesetzen – als erhebliche Mengen, als erhebliche Gewässerverunreinigung und als erheblicher Schaden zu definieren ist. Daran schließt sich die Frage an, ob der kontaminierte Boden durch einen Bodenaustausch bis zu einer gewissen Tiefe ersetzt werden kann und ob sich damit die nachhaltige Umweltschädigung aufhalten lässt. Zudem ist nach wie vor nicht bestätigt, welche Löschwasserkontamination tatsächlich in welchen Mengen und welchen Konzentrationen beim Brand von Energiespeichern auftritt. Alle bisher bekannten Untersuchungen bzw. generell alle Brandversuche – ob im Labormaßstab oder reale Großversuche – müssen den Brand erst mit einer externen Zündquelle initiieren, da sich seine Entstehung anders nicht simulieren lässt. Auch das Nicht-Ablöschen bzw. kontrollierte Abbrennen durch die Feuerwehr ist nicht ausreichend untersucht.

Alle im Energiespeicher vorhandenen Stoffe und Stoffgemische zusammengefasst, ergeben, gemischt mit Löschwasser, zweifellos kontaminierte Gemische. Dies ist wie beschrieben bei allen Bränden der Fall. Die rechtlich zu klärende Frage bleibt daher nach wie vor, ob eine gesetzlich vorgeschriebene Löschwasserrückhaltung vorzusehen ist oder nicht. Anzunehmen ist, dass es einerseits keine gesetzlichen Regelungen geben wird, um den Ausbau des Energiespeichernetzes nicht durch neue Auflagen zu blockieren (siehe auch Kapitel 7), und dass es andererseits aufgrund des bereits vorhandenen Besorgnisgrundsatzes nach Wasserhaushaltsgesetz (WHG) zu einer Verlagerung der Ausführungs- und Rechtsfrage auf die Betreiberseite kommen wird. Insofern wird es zukünftig eine versicherungsrechtliche Entscheidung dahingehend geben müssen, ob tatsächlich erhebliche Aufwendungen baulicher und technischer Art für die Löschwasserrückhaltung erforderlich sind oder ob ein lokaler Bodenaustausch genügt, der sich finanziell als Rückstellung definieren lässt.

Seitens der Gesetzgebung oder seitens der Betreibenden sollte zumindest die Errichtung von Energiespeichern in ausgewiesenen Wasserschutzgebieten und/oder in der Nähe von öffentlichen Gewässern ausgeschlossen bzw. sollten dort explizite Löschwasser-Rückhaltemaßnahmen mit Auffangwannen, Behältern usw. geplant werden.

Abb. 4.8: Für die Aufstellung von kleinen Batteriespeichern bis 20 kWh in Gebäuden gibt es keine besonderen brandschutztechnischen Regeln (Foto: © istock.com/Mystockimages)

4.3.2 Private Speicheranwendungen

Die Verwendung von Elektrospeichern im privaten Umfeld wurde in den Kapiteln 2.4.2 und 3.1 bereits angerissen. Energiespeicheranlagen mit insgesamt nicht mehr als 20 kWh fallen nicht in den bauordnungsrechtlichen Regelungsbereich der MEltBauV und ihre Errichtung ist zudem nach § 61 Abs. 1 Nr. 2 MBO verfahrensfrei. Dazu heißt es seitens der Fachkommission Bauaufsicht – Arbeitskreis TGA in der „Synopse mit Darstellung und Begründung der Änderungen gegenüber der Vorgängerfassung Januar 2009" vom 26. Mai 2021 auf Seite 2, Spalte 3, Zeile 2: *„Beim Grenzwert von 20 kWh wird berücksichtigt, dass der EFH-Bereich i. d. R. ausgespart wird, weil größere Kapazitäten auch größere Dachflächen erfordern, die im üblichen EFH-Bereich nicht erreicht werden."*

Mit diesem Hinweis auf Einfamilienhäuser (EFH) verlagert sich die sicherheitstechnische Diskussion allein ins Privatrecht und damit ggf. auch ins Versicherungsrecht. Zudem wird seitens der Gesetzgebung offensichtlich erwartet, dass Elektrofachunternehmen die Anwendenden bzw. Endkunden auf entsprechende gesetzliche Regelungen hinweisen.

Da Energiespeicheranlagen nicht in das Europäische Bauproduktenrecht fallen, ist neben fachspezifischen Batterienormen das (Europäische) Produktsicherheitsgesetz (ProdSG) anwendbar. Private Endkunden können somit davon ausgehen, dass die Energiespeicheranlage sicher im Sinne dieses Gesetzes ist. Neben diesen gesetzlichen Grundlagen gelten darüber hinaus selbstverständlich auch die herstellerspezifischen Sicherheits- und Aufstellbedingungen.

Gleichermaßen interessant wie wichtig sind generell die Fragen der Versicherung beim Einbau von Batteriespeicheranlagen im privaten Umfeld. Hier sind einerseits Hersteller-/Verkäuferhinweise für die Endkunden sowie entsprechende Aussagen seitens der Versicherung erwartbar.

Zwar gibt es bauordnungsrechtlich – insbesondere für Einfamilienhäuser (in der Gebäudeklasse 1 und 2 nach § 2 Abs. 3 Nrn. 1 und 2 MBO) – keine Vorschriften für die Aufstellung, jedoch ergeben sich i. d. R. von Herstellerseite diesbezügliche Empfehlungen wie auch zur Unterbringung von Speicheranlagen.

Anzumerken ist, dass zumindest tragende und aussteifende Bauteile sowie Geschossdecken in Kellergeschossen in Gebäuden der Gebäudeklasse 1 und 2 mindestens feuerhemmend sein müssen (§ 27 Abs. 2 Nr. 2 MBO i. V. m. § 31 Abs. 2 Nr. 2 MBO). Anforderungen an Trennwände zur Abtrennung besonderer Räume (z. B. für Räume mit erhöhter Brand- und Explosionsgefahr nach § 29 Abs. 2 Nr. 2 MBO) wiederum gelten nicht für diese Gebäudeklassen bzw. für Wohngebäude entsprechend § 29 Abs. 5 MBO. Dies bedeutet formal, dass Bauherren und Planende zwar eine entsprechende Abtrennung eines Batterieaufstellraumes vorsehen können, dies aus bauordnungsrechtlicher Sicht jedoch nicht müssen.

Anders sieht es bereits bei Gebäuden der Gebäudeklassen 3, 4 und 5 aus. Hier gelten neben Anforderungen u. a. an tragende und aussteifende Bauteile sowie Decken (§§ 27 bis 32 MBO) auch Anforderungen an Trennwände. Unter der Annahme, dass – ungeachtet der Nicht-Einordnung von kleinen Batteriespeichern im Wohnumfeld nach MEltBauV – eine erhöhte Brand- und Explosionsgefahr bei Aufstellräumen besteht, so wären die gebäudeklassenabhängigen, raumabschließenden feuerwiderstandsfähigen Trennwände (zusammen mit den Geschossdecken) bauordnungsrechtlich möglich.

Praxistipp

Insbesondere für Mehrfamilienhäuser der Gebäudeklassen 3, 4 und 5 ist eine feuerwiderstandsfähige Abtrennung von Aufstellräumen für Batteriespeicheranlagen sinnvoll. Diese sollte mit einer mindestens feuerhemmenden, rauchdichten und selbstschließenden Tür ausgestattet sein, sofern aufgrund der Batteriekapazität nicht ohnehin die Anforderungen nach MEltBauV greifen.

Zu beachten ist im rechtlichen Sinn auch die Frage, ob aufgrund des Ausschlusses der Anwendung für Batteriespeicheranlagen nach MEltBauV mit nicht mehr als 20 kWh überhaupt eine erhöhte Brand- und Explosionsgefahr vorliegt.

Zur generellen Einordnung existiert eine Auslegungshilfe der ARGEBAU (Fachkommission Bauaufsicht): „Was sind bauliche Anlagen, deren Nutzung durch Umgang oder Lagerung von Stoffen mit Explosions- oder erhöhter Brandgefahr verbunden ist und die daher nach § 2 Abs. 4 Nr. 19 MBO Sonderbauten sind?“ Darin heißt es:

„Die Explosions- oder erhöhte Brandgefahr muss sich aus dem Umgang oder der Lagerung von Stoffen in der konkreten baulichen Anlage ergeben. Dabei sind gegebenenfalls auch die vorgesehenen Mengen und die Art des Umgangs oder die Form der Lagerung dieser Stoffe zu berücksichtigen. Keine Rolle spielt dagegen, ob bei anderen Anlagen mit vergleichbarer Nutzung typischerweise mit Explosions- oder erhöhten Brandgefahren zu rechnen ist. [...] Eine Explosionsgefahr ist insbesondere gegeben, wenn in einer baulichen Anlage die Gefahr des Auftretens einer explosionsfähigen Atmosphäre in gefahrdrohender Menge besteht (vgl. § 2 Abs. 8, 9 Betriebssicherheitsverordnung – BetrSichV).

Eine erhöhte Brandgefahr liegt insbesondere vor, wenn brandfördernde, leichtentzündliche oder hochentzündliche Stoffe entsprechend den Gefährlichkeitsmerkmalen nach der Gefahrstoffverordnung (GefStoffV) in nicht geringen Mengen gelagert, be- oder verarbeitet werden. Zur weiteren Bestimmung gegebenenfalls erhöhter Gefährdungen können die Technischen Regeln für Gefahrstoffe (TRGS) herangezogen werden.

Eine Sonderbaueigenschaft besteht nicht, wenn sich die Explosions- oder Brandgefahr in dem Rahmen bewegt, der mit der Nutzung von Regelbauten üblicherweise verbunden ist. Durch das Lagern von Brennstoffen, wie Heizöl, Flüssiggas, Pellets, und von Kraftstoffen in den zum örtlichen Verbrauch erforderlichen Mengen wird ein Gebäude nicht zum Sonderbau. Auch ergibt sich keine Sonderbaueigenschaft aus dem Erfordernis, bei einem zu betrachtenden Gebäude einzelne Räume nach § 29 Abs. 2 Nr. 2 MBO durch eine Trennwand abzutrennen. [...]“

Somit lässt sich schließen, dass aufgrund der Nicht-Einordnung von kleinen Batteriespeicheranlagen bis 20 kWh nach MEltBauV, verbunden mit den wenigen Anforderungen für Wohngebäude der Gebäudeklassen 1 und 2, tatsächlich keine besonderen bauordnungsrechtlichen Schutzziele verfolgt werden. Dies passt letztlich auch zum generellen Ziel des Bauordnungsrechts im Hinblick auf den Nachbarschutz: Beim Brandfall eines freistehenden Einfamilienhauses z. B. aufgrund eines Batteriebrandes sind die nachbarlichen bauordnungsrechtlichen Schutzziele weiterhin gewahrt.

Für Mehrfamilienhäuser in den Gebäudeklassen 3, 4 und 5 hingegen ist sehr wohl die verpflichtende Abtrennung eines Aufstellraumes für Batteriespeicher nach § 29 Abs. 2 Nr. 2 MBO zu sehen, weil bekannt ist, welche Brandauswirkungen von brennenden Batteriespeichern ausgehen, selbst wenn diese explizit nicht nach MEltBauV zu schützen wären.

In diesem Zusammenhang ist auf das Forschungsvorhaben der Vereinigung zur Förderung des Deutschen Brandschutzes e. V. (vfdb) mit dem Titel „SEKUR – Sichere Energiespeicherkonzepte im urbanen Raum – Vorsorge- und Gefahrenabwehrkonzepte für den sicheren Betrieb von Heimspeicheranlagen“ hinzuweisen. Dazu heißt es auf der Website der vfdb (www.vfdb.de/forschung/laufende-projekte/sekur):

„Die vfdb befasst sich in ihrem Teilvorhaben mit drei wesentlichen Bausteinen:

- *Zum einen wird vorhandenes (lokales) Wissen zu Brandereignissen mit Heimspeicheranlagen erhoben und ausgewertet. Hierbei werden u. a. Informationen aus Experteninterviews mit ereignisbeteiligten Personen geführt. Zudem werden Dokumentationen zu Einsatz- und Taktikempfehlungen, Batterie- und Speichertechniken sowie zur Speichersicherheit erfasst.*
- *Diese gesammelten und ausgewerteten Informationen werden in die (technische) Entwicklung des Projektes und die der konsortialen Partner eingebracht, beispielsweise in ein Pflichten- und Lastenheft für das Sensorkonzept sowie die feuerwehrrelevanten Leitszenarien.*
- *Der Transfer der Ergebnisse erfolgt über Bevölkerungsinformationen und Schulungskonzepte für Einsatzkräfte, um den neuen, zunehmenden Herausforderungen im Rahmen der Energiewende mit mehr Sicherheit begegnen zu können."*

4.4 Herstellung von Elektrospeichersystemen

Die Herstellung von Batterien, Batteriemodulen, Hochvoltspeichern und Teilen davon findet – sofern es um die Produktion in Deutschland geht – i. d. R. in Werksgebäuden statt, die nach der MIndBauRL geplant und realisiert sind. Es ist derzeit nicht erkennbar, dass neben arbeitsstättenrechtlichen und versicherungstechnischen Belangen auch bauordnungsrechtliche Mehranforderungen an diese Gebäude bestehen. Das heißt, die nach Abschnitt 6 oder Abschnitt 7 ableitbaren Anforderungen an das Tragsystem und die Brandabschnittsflächengrößen sind weiterhin gültig.

Innerhalb dieser Gebäude gelten die Bau- und Betriebsvorschriften der MIndBauRL u. a. hinsichtlich der Rettungswege, der Rauchableitung und des anlagentechnischen Brandschutzes.

Nutzungsbezogene Anforderungen kommen daher – wie oben genannt – ggf. aus der arbeitsstättenrechtlichen Gefährdungsbeurteilung der Betreibenden des Werkes; ggf. auch basierend auf berufsgenossenschaftlichen Vorgaben. Einen guten Kurz-Überblick über die Nutzungsabschnitte bietet die Publikation „Fachbereich Aktuell – Herstellung von Hochvoltspeichern" der DGUV, Fachbereich Holz und Metall (FBHM-123, 2024). Die hierin dargestellten Prozessschritte lauten zusammengefasst:

- Montageprozess Modulfertigung
  - Zellenvorbereitung
  - Zellenstacking
  - Schweißen Wärmeleitblech
  - Montage Kontaktiersystem
  - End-of-Line-Test
- Montageprozess Speicherfertigung
  - Speichervorbereitung
  - Moduleinbau
  - Modulkontaktierung
  - Speichergehäuse schließen
  - End-of-Line-Test
- Nacharbeiten

Zu diesen Prozessschritten lautet es in Pkt. 3 FBHM-123 (S. 10):

„In allen Prozessschritten müssen die jeweiligen Herstellervorgaben für die Zellen oder Module sowie die spezifische Unterweisung beziehungsweise die notwendige Qualifizierung des eingesetzten Personals in Abhängigkeit von den Tätigkeiten berücksichtigt werden. Das Schutzkonzept bei manuellen/automatisierten Anlagen muss auf Basis der Gefährdungsbeurteilung dem (S)TOP Prinzip folgen. Manuelle Arbeitsplätze müssen unter ergonomischen Gesichtspunkten eingerichtet werden. Zum Serienprozess gehört auch die Erstellung eines Konzepts, das das korrekte Vorgehen und Verhalten bei einer möglichen Havarie von Zellen, Modulen oder HV-Speichern beschreibt. […]“

Zudem wird hinsichtlich des Personals, das bei den Nacharbeiten zum Einsatz kommt, in Pkt. 3.3 FBHM-123 (S. 12) festgehalten, dass es *„den Anforderungen der DGUV Information 209-093 ‚Qualifizierung für Arbeiten an Fahrzeugen mit Hochvoltsystemen‘, Stufe 3 (Arbeiten an unter Spannung stehenden Hochvoltsystemen) entsprechen“* muss.

4.5 Transport

Der Transport von – wie auch immer deklarierten – Gefahrgütern fällt grundsätzlich nicht in das brandschutzrelevante Bauordnungsrecht. Im Transportwesen gibt es, ähnlich dem Bauwesen, eine Vielzahl von sich teilweise überlagernden Vorschriften (siehe hierzu Eckert, 2020). Sowohl das Transportwesen als auch das Gefahrgutrecht kennen seit einigen Jahren Regelungen zum Umgang und Transport von Batterien, seien es Kleinbatterien, Großbatterien oder gar gesamte Anlagen (Batteriecontainer). Zudem werden Unterscheidungen zwischen neuen, beschädigten sowie gebrauchten Batterien vorgenommen.

Abb. 4.9: Gefahrgutkennzeichnung nach ADR: Klasse 9 für Lithium-Ionen Batterien (Foto: © istock.com/de-nue-pic)

Allen Vorschriften ist die Voraussetzung bzw. Annahme gemeinsam, dass die Batterien einerseits sicher verpackt und gesichert sind und andererseits nicht im aktiven Lade- bzw. Benutzungszustand transportiert werden. Insofern sind nutzungsbezogene Gefahren nahezu auszuschließen. Die Brandgefahr rührt dann aus inneren Brandprozessen der Technologie, wofür die Versender- bzw. Herstellerseite verantwortlich wäre (vgl. Kapitel 1.2). Kommt die Brandgefahr von außen, z. B. durch einen Unfall, einen Brand des LKW usw., liegt die Verantwortung auf Seiten des Transportunternehmens und/oder der Verursachenden der äußeren Gefahr.

Im Zusammenhang mit der Lieferkette von Batterieprodukten, d. h. vom produzierenden Betrieb über das transportierende Unternehmen bis zur Abgabe an die Empfängerseite, sind mittlerweile einige Kontrollprozesse etabliert, um Gefahrenübergänge zu dokumentieren. Neben der optisch-technischen Kontrolle der Ladung (unbeschädigte Verpackung einschließ-

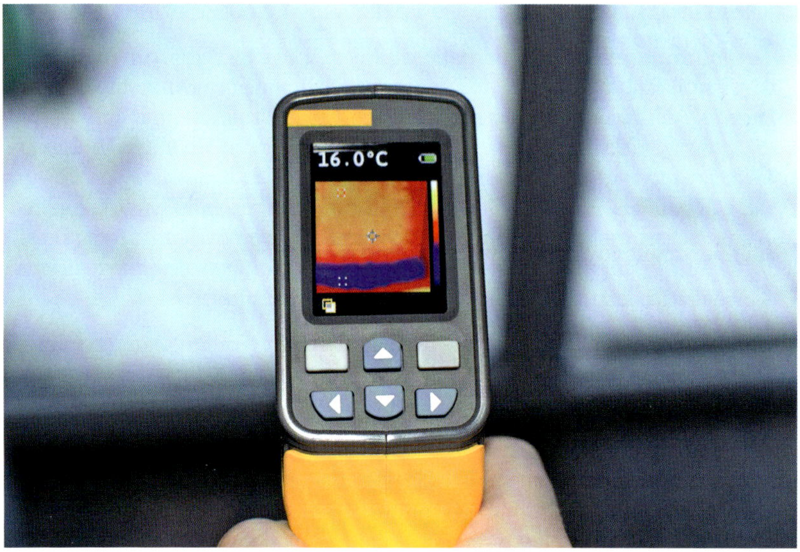

Abb. 4.10: Beim Einlagern (Wareneingang) und beim Auslagern (Warenausgang) gibt es die Möglichkeit der thermografischen Überwachung mittels Wärmebildkamera, um zu überprüfen, ob ggf. thermische Prozesse innerhalb der Verpackungen ablaufen. (Foto: © istock.com/SERSOL)

lich Umverpackung, Palettensicherung, Lieferscheindokumenten) haben sich Kontrollen mittels Thermografiekameras (vgl. Abb. 4.10) durchaus bewährt. Besonderheiten beim Transport selbst sind bekannt bzw. werden bereits bei der Bestellung des Transports bekannt gegeben (z. B. Temperaturbedingungen usw.).

Die Abgabe an die Empfängerseite erfolgt dann ebenso bzw. vergleichbar. Dabei liegt eine rechtlich-technische Unterscheidung vor zwischen einem gewerblichen/industriellen und einem privaten Empfänger (vgl. Anhang XVII der REACH-Verordnung „Beschränkungen der Herstellung, des Inverkehrbringens und der Verwendung bestimmter gefährlicher Stoffe, Gemische und Erzeugnisse“ (2025); DGUV Information 213-052, Merkblatt A013 „Beförderung gefährlicher Güter“ (2024)).

Die brandschutzrelevanten Belange am Abholort bzw. die Übergabeorte in Logistikunternehmen (von/in Lagerhallen) werden im folgenden Kapitel 4.6 beschrieben.

4.6 Logistik/Lager

Für die meisten Batterietechnologien, sei es im Fahrzeug- oder im Homespeicher-Bereich, ist eine Zwischenlagerung erforderlich. Konkret werden werksfertige Produkte (wie z. B. Homespeicher-Module als Bestandteil dezentraler PV-Anlagen) oder Batteriebestandteile für den Fahrzeugbereich verpackt in Lagergebäuden zwischengelagert. Dies erfolgt entweder mit einer Blocklagerung (Palettenstapel ohne Regal) oder in einer Regallagerung.

Abb. 4.11: Auch in klassischer Regallagerung werden Batterien deponiert. (Foto: © istock.com/gorodenkoff)

Die Gebäude werden daher nach MIndBauRL brandschutztechnisch geplant und sind i. d. R. nach Abschnitt 6 – ohne Brandlastermittlung – realisiert. Insofern gibt es im Rahmen dieser bauordnungsrechtlichen Mindestanforderung nur bedingte Regulierungsmöglichkeiten. Da die Lagerung von Batterien weder nach BImSchG noch nach anderen Regelwerken (z. B. ist nicht anzunehmen, dass die TRGS 510 (2021) zutrifft) separat geregelt ist, bleibt es bei einem schutzzielorientiertem Brandschutzkonzept als sog. ungeregeltem Sonderbau bzw. geregeltem Sonderbau (vgl. MVV TB) nach MIndBauRL.

Wie bei Gebäuden für die Batterieherstellung auch, ist derzeit nicht erkennbar, dass – bis auf arbeitsstättenrechtliche und versicherungstechnische Belange – bauordnungsrechtliche Mehranforderungen an solche Gebäude bestehen. Das heißt, die nach Abschnitt 6 oder Abschnitt 7 der MIndBauRL ableitbaren Anforderungen an das Tragsystem und die Brandabschnittsflächengrößen sind weiterhin gültig. Innerhalb dieser Gebäude gelten die Bau- und Betriebsvorschriften der MIndBauRL u. a. hinsichtlich der Rettungswege, der Rauchableitung und des anlagentechnischen Brandschutzes.

Mindeststandard sollte sein, dass in dem Gebäude eine Löschanlage vorhanden ist (siehe auch Forschungsbericht „Untersuchung von Sprinklerkonzepten zum Schutz von Lagersituationen mit Lithium-Ionen-Batterien“ der VdS (2015)). Dies ergibt sich bei größeren Brandabschnittsgrößen entsprechend der MIndBauRL ohnehin. Mittlerweile sind nach den Regeln des amerikanischen Versicherungswesens (vgl. FM Global, 2024), aber auch nach VdS CEA 4001-TB-003 „Lithium-Ionen-Batterien“ (2024) modifizierte Löschanlagen zulässig, die auch bei der Blocklagerung von Batterien eingesetzt werden können. Das zusätzliche Beimischen von Schaumbildnern kann – muss jedoch nicht – erforderlich sein.

Beim Lagern in Regalen ist eine vollständige Regalsprinklerung jedes einzelnen Stellplatzes erforderlich. Ergänzend hat sich eine Ausstattung mit Rauchmeldern als vorteilhaft erwiesen, die an eine BMA angeschlossen sind, um eine schnellere Detektion gegenüber der thermischen Auslösung der Löschanlage zu erreichen. Zudem lässt sich mit den Punkt-Rauchmeldern auch eine Lokalisation des Erstbrandortes realisieren.

Zusätzlich sollte – auch wenn dies in anderen gesprinklerten Lagergebäuden nicht mehr üblich ist – die Ausstattung mit nassen Wandhydranten vorgesehen werden.

Ergänzend dazu ist es sinnvoll, eine Rückhaltung von Löschwasser vorzusehen, selbst wenn das Lagergebäude nicht zwingend vollständig nach AwSV zu betrachten ist. Als pragmatischer Ansatz ist dabei das Absenken des gesamten Hallenbodens, ergänzend mit mobilen Löschwasserbarrieren an den Tür-/Toröffnungen, ein probates Mittel. Als Dimensionierungsgrundlage werden die maximale Löschwasserrate der Löschanlage, die maximale Menge der Wandhydranten und die maximale Löschwassermenge der Außenhydranten addiert. Ergänzend kann auch das Auffangen von Wasser auf den Logistik-Tiefhöfen (ggf. mit Pumpblasen zur Abdichtung der Abwassergullys) vorgesehen werden.

Derzeit existieren nur vereinzelt Ansätze, die Batterielagerung grundlegend als wassergefährdende Lagerung einzuordnen. Eine bundesweit einheitliche Regelung ist dem Verfasser nicht bekannt.

Es gibt einige Sonderfälle, in denen Betreibende solcher Lager- und Umschlaggebäude für Batterien eine eigene, betriebliche Ersthelfer-Bereitschaftsgruppe (ein sog. Emergency-Response-Team) für das schnelle Eingreifen im Not- oder Brandfall vorhalten. Anhand von personellen Maßnahmen (Rundgängen) und technischen Maßnahmen (Thermografie) werden beschädigte Batterien (Paletten oder Einzelbatterien) identifiziert. Diese werden dann aus dem Gebäude gebracht, sofern dies technologisch noch vertretbar ist.

Praxistipp

Grundsätzlich ist dem betrieblich-organisatorischen Brandschutz bei der Batterielagerung eine hohe Bedeutung beizumessen. Bereits beim Einlagern sollte eine optische und thermografische Kontrolle jeder einzelnen Palette vorgenommen und bei jeder weiteren Umlagerung wiederholt werden. Kippt beispielsweise eine Palette um oder wird eine Batterie anderweitig mechanisch beschädigt, sollte sie sofort wieder aufgenommen und im Freien (mindestens 10 m vom Gebäude entfernt, besser sind 20 m) in einem sog. Quarantänebehälter deponiert werden.

Zusammenfassend ist festzustellen, dass Lagergebäude für Batterien weitgehend behandelt werden können wie andere Lager auch, sofern eine Kombination aus Anlagentechnik und betrieblich-organisatorischen Maßnahmen zusammenwirkt.

Abb. 4.12: Nur bei fachgerechter Entsorgung können die wertvollen Bestandteile aus Batterien sinnvoll zurückgewonnen werden. (Foto: © istock.com/baytunc)

4.7 Entsorgung/Recycling

Alle Batteriearten, insbesondere Lithium-Ionen-Batterien, enthalten wertvollste Rohstoffe. Dazu zählen neben dem Lithium selbst Aluminium, Graphit und Kupfer, aber auch Eisen, Kobalt, Nickel, Mangan und Phosphor. Das Recyceln zur Wiederverwendung bzw. Teil-Wiederverwendung muss daher oberstes Ziel sein. Es existieren bereits mehrere Recyclingunternehmen, die sich explizit auf Batterierecycling spezialisiert haben. Das politische, aber auch das technische Erfordernis ist bekannt und findet zunehmend Aufmerksamkeit (vgl. Schmaltz, 2023; Stephan, 2024).

Die besonderen Herausforderungen hinsichtlich des Brandschutzes bestehen darin, dass genau die Prozesse, die beim Benutzen der Batterien zwingend zu vermeiden sind, wie mechanische, thermische oder chemische Belastungen, beim Recycling zur Anwendung kommen. Die Batterien in alle Einzelteile zu zerlegen, funktioniert i. d. R. nur durch Schreddern oder anderweitiges Zerkleinern. Genauere Verfahrensprozesse sind den jeweiligen Unternehmen vorbehalten bzw. aus rechtlichen Gründen nicht offen verfügbar.

Genehmigungsrechtlich sind derartige Betriebe i. d. R. nach BImSchG zu behandeln, sodass sich allein hieraus ein Sonderbautatbestand nach § 2 Abs. 4 MBO ergibt. Die Recyclingtechnologie zur Vermeidung einer Brandentstehung ist entsprechend Bestandteil der Genehmigungsunterlagen und wird demgemäß durch Fachprüfinstanzen geprüft und genehmigt.

Erwähnt seien an dieser Stelle die vermehrt vorkommenden Brände in Recyclingbetrieben und Entsorgungsfahrzeugen. Werden (Klein-)Batterien im Haushaltsmüll nicht bestimmungsgemäß entsorgt, entstehen durch die mechanischen Pressvorgänge im Entsorgungsfahrzeug oder im Sortierzentrum vermehrt Brandereignisse, die sehr hohe Schäden nach sich ziehen können. Gleiches gilt für Heizkraftwerke, in denen falsch entsorgte Batterien thermisch zerstört werden. Der (Teil-)Ausfall von Entsorgungslinien (Fahrzeugen und/oder Betrieben) sorgt darüber hinaus für verzögerte Entsorgungsprozesse.

Die fachgerechte Entsorgung von Batterien muss vor diesem Hintergrund allen Anwendenden verdeutlicht und diese müssen ggf. gezielt geschult werden. Diesbezüglich sei auch auf aktuelle Publikationen des GDV/VdS (vgl. VdS 2517 „Sortierung, Aufbereitung und Lagerung von Siedlungsabfällen und brennbaren Sekundärrohstoffen – Hinweise für den Brandschutz" (2025)) sowie auf die Pressemitteilung des vfdb „Die Gefahr in der Mülltonne – Feuerwehren und Recyclingunternehmen warnen: Batterien gehören nicht in den Abfall! – Gemeinsamer Brief an die Bundesregierung" vom 21. Oktober 2021 verwiesen.

5 Praxisbeispiele

Zur Veranschaulichung der Fragestellungen und Lösungsansätze, die sich im Kontext des Brandschutzes von Elektrospeichersystemen ergeben, werden nachfolgend konkrete Praxisbeispiele vorgestellt. Dabei geht es zum einen um die brandschutztechnische Bewertung von Batteriespeichern im gewerblichen Einsatz, zum anderen wurde ein Batterietestzentrum, das im Rahmen eines Prüfstands für Fahrzeugmotoren realisiert wurde, aus brandschutztechnischer Sicht begleitet.

5.1 Gewerbliche Batteriespeicher

Bei dem ersten vorzustellenden Projekt handelt es sich um einen Großspeicher, der im Jahr 2008 von Solon Laboratories (später Younicos, heute Aggrekko) in Berlin-Adlershof zunächst als Versuchsaufbau errichtet wurde. Das Unternehmen ist Anbieter von industriellen Energielösungen. Bei dem Versuch ging es darum, eine Insel autark von anderen Energiequellen betreiben zu können, wobei die Optimierung und Testung von Lastwechseln (Ladezyklen) im Fokus stand.

Großspeicheranlagen dieser Art sind nicht vergleichbar mit heimischen Kleinbatterien, die, einmal eingesetzt, so lange entladen werden, bis sie leer sind. Die Speicheranlagen unterliegen einem permanenten Auflade- und Speicher- bzw. Entnahmebetrieb.

Brandschutztechnisch wurde die gesamte Anlagentechnik in einen Container (ohne Anforderungen an den Brandschutz) eingebaut und dieser wiederum in eine nach Industriebaurichtlinie dimensionierte Versuchshalle gestellt. In der Halle waren keine weiteren anderen/fremden Technologien untergebracht. Der Speichercontainer selbst wurde ohne besondere Maßnahmen hinsichtlich des Feuerwiderstandes aufgebaut. Nachweisbar waren einerseits die baulichen Fluchtwege und die brandmeldetechnische Überwachung, andererseits erfolgte die Überwachung durch das Batteriemanagementsystem, das sehr frühzeitig Probleme und Fehler aufzeigt. Für die Feuerwehr waren Informationen im Feuerwehrplan verankert, sodass die Einsatzkräfte wussten, dass sich dort eine Art Großbatterie im Einsatz befand.

Mit diesem Unternehmen wurde im Jahr 2014 die erste und größte kommerzielle Energiespeicheranlage in Europa geplant und im Jahr 2018 nochmals erweitert. Dieses Gebäude wurde als eigenes, freistehendes Gebäude gebaut, durch Brandabschnittstrennungen unterteilt und mit Feuerwiderstandsanforderungen der tragenden Bauteile geplant. Auch hier waren bauliche Fluchtwege, Brandfrüherkennung und auch Rauchableitungsöffnungen selbstverständlich.

Hinsichtlich des Einsatzes einer Löschanlage bestanden lange Unsicherheiten. Letztlich wurde durch das Einwirken der Feuerwehr eine CO_2-Löschanlage realisiert. Die konkrete Wirksamkeit konnte nie konkret bestätigt werden, da sich einige Batteriearten (hier: Lithium-Ionen) nicht unmittelbar mit dem Stickgas CO_2 ablöschen lassen. Hinzu kommt die generelle Gefährlichkeit von CO_2-Löschanlagen.

Bauordnungsrechtlich ist festzuhalten, dass es sich um ein erdgeschossiges, freistehendes Gebäude der Gebäudeklasse 3 (da > 400 m^2) handelt, in dem – bis auf einen brandschutztechnisch getrennten Vorführraum – keine Aufenthaltsräume vorhanden sind. Demnach gibt es bei formaler Betrachtung nur wenige brandschutztechnische Erfordernisse. Da das Risiko bei einem Brand nicht zu unterschätzen ist, mussten jedoch einige Anforderungen, wie nichtbrennbare Dämmstoffe, BMA-Überwachung, innere Brandschutztrennungen und letztlich auch die erwähnte Löschanlage im Rahmen des Brandschutzkonzepts implementiert werden.

Weitere Projekte mit gewerblichen Speichern

Neben den vorgenannten Anlagen wurden im Rahmen von Brandschutzkonzepten mehrere freistehende Batteriespeicheranlagen in Form von Containern in Baden-Württemberg, Brandenburg, Sachsen, Sachsen-Anhalt und Bayern realisiert. Alle Anlagen wurden auf bestehenden Betriebsgeländen mit vorhandener brandschutztechnischer Infrastruktur errichtet. Bei den vor dem Genehmigungsverfahren durchgeführten Abstimmungen mit Baurechtsamt / Unteren Bauaufsichtsbehörden und Feuerwehr (Brandschutzdienststelle) wurden Unsicherheiten und die fehlende Erfahrung mit festen Batteriespeicheranlagen erkennbar. Insbesondere wenn es um Lithium-Ionen-Batterien ging, zeigten sich schnell Befürchtungen angesichts der Vorstellung von Bildern brennender E-PKW oder Mobiltelefone.

Der wesentliche Unterschied zwischen festen und mobilen Batteriespeicheranlagen besteht darin, dass bei ersteren das Risiko von äußeren Einwirkungen, wie dies bei E-Fahrzeugen oder Kleingeräten der Fall ist, i. d. R. nicht besteht. Zudem lassen sich entsprechende Sicherheitsmaßnahmen errichten, wie beispielsweise ein Anfahrschutz o. Ä. Insofern kann das Brandrisiko von festen Batteriespeicheranlagen gegenüber mobilen E-Geräten deutlich reduziert werden. Durch die dauerhafte Überwachung des Systems über das Batteriemanagementsystem sind Überladungen oder Fehlerquellen ausgeschlossen bzw. schnell erkennbar. Darüber hinaus sind alle Verdrahtungen fixiert, sodass ein Risiko von losen Kabeln oder Kabelbrüchen, wie dies bei der privaten Anwendung von E-Bikes, Notebooks usw. auch durch das vermehrte An- und Abziehen der Ladestecker der Fall sein kann, nicht auftritt.

Unter Berücksichtigung dieser Randbedingungen wurden bei den genannten Projekten keine besonderen Anforderungen an die Feuerwiderstandsqualität der Container gestellt. Der Mindestabstand zu anderen bestehenden und zukünftigen Gebäuden wurde auf 10 m festgelegt. Da die bestehenden Betriebsgebäude in den vorliegenden Fällen über eine brandmeldetechnische Überwachung verfügten, wurde auch die Batteriespeicheranlage in diese Überwachung mit aufgenommen. Hinsichtlich der Frage, ob normale Punktrauchmelder im Container oder ein Rauchansaugsystem (RAS) bereits im Batterieschrank selbst planmäßig eingebaut werden sollte, existiert derzeit keine Standardlösung, die für alle Anwendungen gleichermaßen sinnvoll wäre. Für die schnellste Erkennung indes wäre ein RAS grundsätzlich hilfreich.

Bei allen Projekten waren sich die Beteiligten einig, dass im tatsächlichen Brandfall ausschließlich das von außen herangeführte Wasser zum Abkühlen des Containers als Lösung infrage kommt. Das Betreten im Brandfall wurde ausgeschlossen. Die Installation von festen Löschanlagen war zum damaligen Zeitpunkt (2017–2019) noch nicht erforderlich bzw. es waren keine verlässlichen Aussagen zur Löscheffektivität gegeben. Mittlerweile gibt es Gaslöschanlagen, die zum Ablöschen geeignet wären.

In einem dieser Projekte in Heilbronn wurden 3 Container nebeneinander aufgestellt. Der Abstand zu anderen Gebäuden wurde auf 20 m festgelegt, der Abstand zwischen den Containern betrug 5 m. Zudem wurde mit der lokalen Feuerwehr und einem Vertreter der Werkfeuerwehr des Lieferanten des Systems vereinbart, auf dem Betriebsgelände einen chemischen Löschwasserzusatz vorzuhalten. Die konkrete, dauerhafte Praxistauglichkeit solcher Löschzusätze muss sich indes noch zeigen.

Auch wenn die Anlagen nicht in den Wirkungsbereich der Löschwasser-Rückhalte-Richtlinie und derzeit auch nicht in den Geltungsbereich der AwSV fallen, wurden bei allen Projekten Rückhaltevolumen für Löschwasser geschaffen, um das im Brandfall kontaminierte Löschwasser möglichst vollständig aufzufangen.

5.2 Batterietestzentrum

Bei diesem Praxisbeispiel handelt es sich um ein Unternehmen, das Motorenprüfstände entwickelt und damit einhergehend auch Motoren testet. Neben den bisherigen konventionellen Motoren (Benzin und Diesel) wurden ab dem Jahr 2017/2018 auch Elektromotoren für PKW in den Prüfumfang der Dauerlaufprüftests aufgenommen.

Die Gebäude für die Prüfstände sind klassisch nach Industriebaurichtlinien geplant. Sie sind mit üblicher Brandmeldetechnik ausgestattet, sodass die Einordnung in die Sicherheitskategorie K2 erfolgt. Die Motorenprüfstände selbst sind kammerähnliche Bauwerke aus Beton mit einem Feuerwiderstand von mindestens 90 Minuten und entsprechenden feuerbeständigen Türen. Diese Kammern sind sowohl für die konventionellen Motoren als auch für die E-Motoren vorhanden. Alle Kammern bzw. Prüfstände oder -boxen sind mit Brandmeldetechnik (Flammenmelder, Rauchmelder, Thermomelder) und weiterer Prüfstandstechnik ausgestattet. Zudem weist jede Kammer zusätzlich eine Ausstattung mit Hochdruck-Wassernebeltechnik auf, die sowohl automatisch als auch manuell ausgelöst werden kann. Außerdem verfügen alle Kammern über eine Löschwasser-Rückhalteeinrichtung.

Bei der Neuentwicklung der Prüfstandskammern für die E-Motoren (einschließlich der Batterieanlage, wie sie im PKW vorhanden ist) wurde über die vorgenannten Maßnahmen hinaus das Gesamtpaket aus Batterie und Motor mit einem geschweißten Doppelkammer-Edelstahlgehäuse versehen. Dieses kann entweder mit Vermiculite®-Schüttungen gefüllt oder mit Schaumlöschmittel geflutet werden. Auch die Prüfstände selbst lassen sich ergänzend mittels C-Schlauchanschluss vollständig durch die Feuerwehr fluten.

Die benannten Maßnahmen mögen sehr umfangreich wirken, doch die Betreibenden verfügen über mehrjährige Erfahrungen mit den Dauerlaufprüftests, bei denen normale (Verbrennungs-)Motoren nicht selten heiß laufen und zu brennen beginnen. Daher sind bei den E-Motoren auch weitere Vorsichtsmaßnahmen sinnvoll. Alle Tests werden elektronisch und personell voll überwacht, sodass ein Versuch jederzeit abgebrochen und die vorgenannte Löschtechnik sofort auch manuell ausgelöst werden kann.

Seit 2020 konnten neben den Dauerlaufprüftests für die E-Motoren auch Batterieprüfungen durchgeführt werden. Geprüft und getestet werden dabei ausschließlich werkfertige Motoren und Batterien, wie sie von den Automobilherstellern das Werk verlassen; die Prüfungen und Tests stellen somit die externe Werkkontrolle dar.

Bei den Batterietests handelt es sich um einfache Auflade- und Entladezyklen, Falltests, Penetrationstests (Nagelstoß), Temperaturversuche (Hitze, Kälte), Crashtests (derzeit noch nicht realisiert) usw.

Brandversuchszentrum

Im Herbst 2020 wurde in dem hier beschriebenen Unternehmen ein Brandversuchszentrum für Batterietests fertig gestellt. Dabei wurde das Gebäude zwar grundsätzlich nach Industriebaurichtlinie bewertet, jedoch mussten aufgrund der Besonderheiten, die bei Brandtests ohnehin und bei Test mit Batterien in deutlich höherem Maße zu erwarten sind, auch höhere Anforderungen gestellt werden.

Das Gebäude wurde vollständig in allen tragenden und aussteifenden Bauteilen feuerbeständig realisiert; so auch die Dachdecke und die Außenwände. Die Brandräume wiederum sind eigenständige feuerbeständige Bunker. Auch hier kommen Wassernebellöschanlagen zum Einsatz und die Feuerwehr hat zusätzliche Einspeise-/Flutungsmöglichkeiten. Die Rauchableitungsöffnungen der Bunker werden – wie in den meisten Brandversuchshallen – über Luftwäscheranlagen geführt. Das Gebäude verfügt ebenso über die obligatorischen Brandschutzmaßnahmen wie Fluchtwege und Brandmeldetechnik.

Die Ergebnisse der Batterietests selbst sind nicht öffentlich, werden von den Herstellern aber verwendet, um den Umgang mit Unfällen und Brandereignissen bei E-Fahrzeugen in Zukunft auf ein solideres Fundament stellen zu können.

An dieser Stelle sei noch einmal angemerkt, dass die Gefährlichkeit von brennenden E-Fahrzeugen nicht zu unterschätzen ist und die Einsatzkräfte dahingehend besondere Schulungen durchlaufen sollten. Im Unterschied zu den vorgenannten stationären Batteriespeicheranlagen sind Fahrzeuge als mobile Batterien zu verstehen, die grundsätzlich so zu schützen sind, dass aus externen Einwirkungen kein selbstständiger Brand entstehen kann.

6 Fazit und Ausblick

Die Energiewende stellt die Gesellschaft zweifelsohne vor große Herausforderungen und zieht einen weiterhin hohen technischen und finanziellen Aufwand hinsichtlich der Errichtung der Infrastruktur, von Speicher- und auch von Energieerzeugungsanlagen nach sich. Aus technologischer Sicht ist das Know-how bereits vorhanden, um in unmittelbarer Nähe von Energieerzeugungsanlagen Speichersysteme zu installieren. Die Mischung aus großen, zentralen und dezentralen kleinen Anlagen ist dabei die beste Option, Systemstabilität zu erzeugen.

In der Natur der Sache liegt, dass der technologische Fortschritt der staatlichen Gesetzgebung i. d. R. voraus ist. Dies trifft auch auf die Elektrospeichersysteme zu. Mit Blick darauf muss und wird die Gesetzgebung zu entscheiden haben, inwieweit sie in Genehmigungsprozesse eingreift, um einerseits die bisher bekannte Sicherheit zu erhalten und andererseits die erforderliche Schnelligkeit des Ausbaus zu unterstützen – wobei die Frage nach einer Entbürokratisierung sicherlich zentral bleiben wird.

Auch wenn Schadenfälle im Zusammenhang mit elektrischen Energiespeichersystemen (derzeit vor allem auf Lithium-Ionen-Basis) hinsichtlich des vorbeugenden und abwehrenden Brandschutzes gesellschaftlich häufig überbewertet werden, sind sie auch nicht zu verharmlosen. Diesbezüglich existiert noch ein hoher Forschungsbedarf in verschiedene Richtungen. Zu klären ist einerseits die Frage nach einer dauerhaften Sicherheit von mobilen Endgeräten. Andererseits sind Zuverlässigkeitsuntersuchungen zu Batterien in Fahrzeugen, Großbrandversuche mit Großspeicheranlagen (BESS) hinsichtlich der minimalen Abstände zueinander und Erkenntnisse zu Sicherheitsanforderungen für private Speicheranlagen notwendig. Zugleich gibt es bereits eine Vielzahl an aktiven Anlagen, die zeigen, wie sicher und stabil Elektrospeicher sind.

Wie eingangs bereits beschrieben, wird sich ebenso zeigen, ob und wenn ja, welche weitergehenden Maßnahmen zur Sicherheitssteigerung beim aktiven Einsatz von Energiespeichersystemen erforderlich sind. Im Fokus steht dabei vor allem die Frage, ob die bisherige Gesetzgebung weiterhin so belassen werden kann – bzw. ob es beim Fehlen von Gesetzgebungen bleiben kann – oder ob weitere Regulierungen anzustreben sind. Denkbar sind hier beispielsweise Einschlüsse oder Ausschlüsse in der MIndBauRL, der MHolzBauRL und der MEltBauV sowie in anderen Sonderbauvorschriften. Auch eine Deregulierung, d. h. beispielsweise Aussagen zur Nicht-Anwendung der AwSV, zur Nicht-Einordnung nach BImSchG usw., oder gar eine eigene Richtlinie für Energiespeicheranwendungen könnte angestrebt werden.

Ungeachtet dieser Überlegungen ist zu konstatieren: Die bisherigen Erfahrungen in der Praxis, verbunden mit den vorhandenen elektrotechnischnormativen Regelungen und Vorgaben hinsichtlich durchzuführender Prüfungen im Rahmen der Zertifizierung von Batteriezellen und Batteriesystemen, lassen die Annahme zu, dass Elektroenergiespeicher bei bestimmungsgemäßer Nutzung innerhalb der Auslegungsparameter ohne äußere Einwirkungen nur selten in Brand geraten.

Im April 2025 wurde der Koalitionsvertrag mit dem Titel „Verantwortung für Deutschland“ zwischen CDU/CSU und SPD vorgelegt, der Ansätze zur Energiepolitik und zu Energiespeichersystemen enthält. Dabei bleibt naturgemäß einiges sehr vage. Hier besteht die Notwendigkeit, tatsächliche, sachgerechte und verwaltungsrechtlich einwandfreie Gesetze und Richtlinien zu schaffen, um die formulierten Ziele erreichen zu können bzw. sie bestmöglich zu flankieren.

Auf diesem herausfordernden Weg wird der Brandschutz einerseits nicht blockierend wirken und andererseits auf Grundlage gesicherter Forschungsergebnisse und Daten einen Beitrag zu weiterhin sicheren Systemen leisten. Wenngleich die Institutionen des vorbeugenden Brandschutzes an der Entwicklung neuer E-Technologien, wie z. B. von E-Fahrzeugen, naturgemäß nicht beteiligt sind, können sie durch Gremien- und Verbandsarbeit sowie Mitwirkung bei der Erstellung von Brandschutzkonzepten für Produktions-, Lager- oder Forschungsgebäude einen wichtigen Beitrag leisten, die Gefahreneinordnung im Bereich der neuen Technologien zu verbessern.

Grundsätzlich ist es wichtig, sichere Produkte herzustellen und auf den Markt zu bringen, die auch eine sichere Benutzbarkeit ermöglichen. Indes sind auch über das gesetzliche Mindestmaß hinaus eigenverantwortlich Maßnahmen zu treffen, um Erst- und Folgeschäden, Personen- wie Sachschäden, im Brandfall zu minimieren. Die Erwartungshaltung an die Gesetzgebung im Hinblick auf entsprechende Regelungen sollten nicht allzu groß sein. Der Staat bzw. die Landesgesetze werden, wenn überhaupt, verfahrensrechtliche Rahmen setzen; konkrete Schutzmaßnahmen und Regeln scheinen nicht in Aussicht zu stehen. Es bleibt daher – auch im Sinne einer Verschlankung bürokratischer Prozesse folgerichtig – Aufgabe der Nutzenden und Betreibenden von Energiespeichern, einen sicheren Betrieb zu gewährleisten.

7 Anhang

7.1 Normen, Rechtsvorschriften und Literatur

7.1.1 Normen

DIN 4102-1:1998-05 Brandverhalten von Baustoffen und Bauteilen – Teil 1: Baustoffe; Begriffe, Anforderungen und Prüfungen

DIN 14096:2014-05 Brandschutzordnung – Regeln für das Erstellen und das Aushängen

DIN 14675:2020-01 Brandmeldeanlagen

DIN EN 54 Normenreihe Brandmeldeanlagen

DIN VDE 0105-100:2015-10. Betrieb von elektrischen Anlagen – Teil 100: Allgemeine Festlegungen

DIN VDE 0132:2018-07 Brandbekämpfung und technische Hilfeleistung im Bereich elektrischer Anlagen

DIN VDE 0833-2:2022-06 Gefahrenmeldeanlagen für Brand, Einbruch und Überfall – Teil 2: Festlegungen für Brandmeldeanlagen

7.1.2 Rechtsvorschriften

ADR: Gesetz zu dem Europäischen Übereinkommen vom 30. September 1957 über die internationale Beförderung gefährlicher Güter auf der Straße (ADR); 31.08.2025.

Anhang XVII der REACH-Verordnung: Beschränkungen der Herstellung, des Inverkehrbringens und der Verwendung bestimmter gefährlicher Stoffe, Gemische und Erzeugnisse. Stand: 02.06.2025. Internet: https://www.reach-clp-biozid-helpdesk.de/DE/REACH/Verfahren/Beschraenkungsverfahren/Anhang-XVII-Beschraenkungen/Anhang-XVII-Beschraenkungen

Arbeitsstättenverordnung: Verordnung über Arbeitsstätten (Arbeitsstättenverordnung – ArbStättV) vom 12.08.2004, zuletzt geändert durch Art. 10 G v. 27.3.2024 I Nr. 109

ArbSchG: Gesetz über die Durchführung von Maßnahmen des Arbeitsschutzes zur Verbesserung der Sicherheit und des Gesundheitsschutzes der Beschäftigten bei der Arbeit (Arbeitsschutzgesetz – ArbSchG), zuletzt geändert am 15.07.2024

ASiG: Gesetz über Betriebsärzte, Sicherheitsingenieure und andere Fachkräfte für Arbeitssicherheit (Arbeitssicherheitsgesetz – ASiG); zuletzt geändert am 20.04.2013

AwSV: Verordnung über Anlagen zum Umgang mit wassergefährdenden Stoffen (AwSV), 19.06.2020

Baugesetzbuch (BauGB), zuletzt geändert am 20.12.2023

BBodSchG: Gesetz zum Schutz vor schädlichen Bodenveränderungen und zur Sanierung von Altlasten (Bundes-Bodenschutzgesetz – BBodSchG), 25.02.2021

BImSchG: Gesetz zum Schutz vor schädlichen Umwelteinwirkungen durch Luftverunreinigungen, Geräusche, Erschütterungen und ähnliche Vorgänge (Bundes-Immissionsschutzgesetz – BImSchG), zuletzt geändert am 24.02.2025

BSI-KritisV: Verordnung zur Bestimmung Kritischer Infrastrukturen nach dem BSI-Gesetz (BSI-Kritisverordnung – BSI-KritisV), 29. November 2023

EltBauVO: Muster einer Verordnung über den Bau von Betriebsräumen für elektrische Anlagen (EltBauVO). Fachkommission Bauaufsicht der ARGEBAU, Januar 2009 (aufgehoben)

[Europäische Batterieverordnung]: Verordnung (EU) 2023/1542 des Europäischen Parlaments und des Rates vom 12. Juli 2023 über Batterien und Altbatterien, zur Änderung der Richtlinie 2008/98/EG und der Verordnung (EU) 2019/1020 und zur Aufhebung der Richtlinie 2006/66/EG

GEIG: Gesetz zum Aufbau einer gebäudeintegrierten Lade- und Leitungsinfrastruktur für die Elektromobilität (Gebäude-Elektromobilitätsinfrastruktur-Gesetz – GEIG), zuletzt geändert am 18.03.2021

GG: Grundgesetz für die Bundesrepublik Deutschland (GG), zuletzt geändert am 22.03.2025

Lieferkettensorgfaltspflichtengesetz: Gesetz über die unternehmerischen Sorgfaltspflichten zur Vermeidung von Menschenrechtsverletzungen in Lieferketten (Lieferkettensorgfaltspflichtengesetz – LkSG), 16.07.2021

LöRüRL: Richtlinie zur Bemessung von Löschwasser-Rückhalteanlagen beim Lagern wassergefährdender Stoffe (LöRüRL), August 1992

MBauVorlV: Muster einer Verordnung über Bauvorlagen und bauaufsichtliche Anzeigen (MBauVorlV). Fachkommission Bauaufsicht der Bauministerkonferenz, 22.02.2022

MBO: Musterbauordnung. Fachkommission Bauaufsicht der Bauministerkonferenz, zuletzt geändert 23./24.11.2023

MEltBauV: Muster einer Verordnung über den Bau von Betriebsräumen für elektrische Anlagen (MEltBauV). Fachkommission Bauaufsicht der Bauministerkonferenz, 22.02.2022

M-GarVO: Muster einer Verordnung über den Bau und Betrieb von Garagen und Stellplätzen (Muster-Garagenverordnung M-GarVO). Fachkommission Bauaufsicht der Bauministerkonferenz, 14.07.2022

MHolzBauRL: Muster-Richtlinie über brandschutztechnische Anforderungen an Bauteile und Außenwandbekleidungen in Holzbauweise (MHolzBauRL). Fachkommission Bauaufsicht der Bauministerkonferenz, 24. September 2024

MIndBauRL: Muster-Richtlinie über den baulichen Brandschutz im Industriebau (Muster-Industriebau-Richtlinie – MIndBauRL). Fachkommission Bauaufsicht der Bauministerkonferenz, Mai 2019

M-PPVO: Muster-Verordnung über die Prüfingenieure und Prüfsachverständigen nach § 85 Abs. 2 MBO (M-PPVO). Fachkommission Bauaufsicht der Bauministerkonferenz, September 2008

MVV TB: Veröffentlichung der Muster-Verwaltungsvorschrift Technische Baubestimmungen 2025/01 (MVV TB 2025/1). Fachkommission Bauaufsicht der Bauministerkonferenz, 29.07.2025

ProdSG: Gesetz über die Bereitstellung von Produkten auf dem Markt (Produktsicherheitsgesetz – ProdSG), 27.07.2021

Störfall-Verordnung: Zwölfte Verordnung zur Durchführung des Bundes-Immissionsschutzgesetzes (Störfall-Verordnung – 12. BImSchV), zuletzt geändert am 03.07.2027

USchadG: Gesetz über die Vermeidung und Sanierung von Umweltschäden (Umweltschadensgesetz – USchadG), 05.03.2021

VbF: Verordnung über Anlagen zur Lagerung, Abfüllung und Beförderung brennbarer Flüssigkeiten zu Lande (Verordnung über brennbare Flüssigkeiten – VbF vom 27.02.1980, zuletzt geändert am 02.06.2016

Wasserhaushaltsgesetz: Gesetz zur Ordnung des Wasserhaushalts (Wasserhaushaltsgesetz – WHG), zuletzt geändert am 22.12.2023

7.1.3 Literatur

ARGEBAU (Fachkommission Bauaufsicht): Was sind bauliche Anlagen, deren Nutzung durch Umgang oder Lagerung von Stoffen mit Explosions- oder erhöhter Brandgefahr verbunden ist und die daher nach § 2 Abs. 4 Nr. 19 MBO Sonderbauten sind? Auslegungshilfen. Fragen-Antwort-Katalog zur Musterbauordnung, hier: § 2 Abs. 4. Nr. 19 Sonderbauten – Explosions- oder erhöhte Brandgefahr. Internet: https://www.bauministerkonferenz.de/verzeichnis.aspx?id=24160&o=759O986O991O7463O23576O24160 [Zugriff 07.08.2025]

ASR A2.2. Technische Regeln für Arbeitsstätten, Maßnahmen gegen Brände. Ausgabe: Mai 2018, zuletzt geändert GMBl 2025, S. 365 vom 23.05.2025. Berlin: Bundesanstalt für Arbeitsschutz und Arbeitsmedizin, Ausschuss für Arbeitsstätten (ASTA), 2018

Battran, Lutz; Dietrich, Matthias; Mayr, Josef: Brandschutzatlas digital. Update 07/2025. Verlag RM Rudolf Müller Medien GmbH & Co. KG: Köln, Update 07/2025

BauA: Bundesanstalt für Arbeitsschutz und Arbeitsmedizin [online]. Internet: https://www.baua.de [Zugriff: 02.08.2025]

Bayrisches Staatsministerium für Wohnen, Bau und Verkehr: GaStellV – Häufig gestellte Fragen [online]. München, 25.05.2020. Internet: https://www.stmb.bayern.de/assets/stmi/buw/baurechtundtechnik/27_gastellv_haeufig_gestellte_fragen_2020.pdf [Zugriff: 02.08.2025]

BEGIN-HVS (Forschungsprojekt): Beherrschbarkeit von Großschadensfeuern in Industriehallen mit dem Gefahrgut Hochvoltspeicher und deren Ausbreitungsmodelle. Fördermaßnahme „Anwender – Innovativ: Forschung für die zivile Sicherheit II", gefördert durch das Bundesministerium für Bildung und Forschung (BMBF) unter dem Förderkennzeichen 13N16603 (Laufzeit: 01.05.2023 bis 30.04.2025). Verbundpartner: Feuerwehr München; TU Braunschweig Institut für Baustoffe, Massivbau und Brandschutz; BAM – Bundesanstalt für Materialforschung und Prüfung Berlin

Bericht zum Forschungsprojekt FE 82.0552/2012: Sicherheitsaspekte beim Laden von Elektrofahrzeugen. Berichte der Bundesanstalt für Straßenwesen, Fahrzeugtechnik Heft F107, Bergisch-Gladbach, März 2016. Internet: https://bast.opus.hbz-nrw.de/frontdoor/index/index/docId/1656 [Zugriff: 07.08.2025]

Brandschutz in Umspannwerken und vergleichbaren abgeschlossenen elektrischen Betriebsstätten – Empfehlungen der Arbeitsgemeinschaft der Leiterinnen und Leiter der Berufsfeuerwehren und des Deutschen Feuerwehrverbandes. AGBF bund, DVF, Fachausschuss Vorbeugender Brand- und Gefahrenschutz der deutschen Feuerwehren (FA VB/G). München, 2024-03

Bundesanstalt für Straßen- und Verkehrswesen (bast): Sicherheitsaspekte beim Laden von Elektrofahrzeugen [online]. Internet: https://www.bast.de/DE/Publikationen/Foko/2017-2016/2016-09.html#:~:text=Im%20Rahmen%20einer%20Risikoanalyse%20untersuchte%20die%20Bundesanstalt%20f%C3%BCr,der%20zeigt%2C%20wie%20aufgedeckte%20Sicherheitsdefizite%20ausger%C3%A4umt%20werden%20k%C3%B6nnen. [Zugriff: 07.08.2025]

BVES – Bundesverband Energiespeicher Systeme e. V.: Vorbeugender und abwehrender Brandschutz bei Lithium-Ionen Großspeichersystemen. 3. Auflage. Berlin, [online]. Internet: https://www.bves.de/publikation/brandschutzleitfaden-deutsch/ [Wird im Herbst 2025 veröffentlicht]

DGUV – Deutsche Gesetzliche Unfallversicherung e. V., Berlin. Internet: https://www.dguv.de [Zugriff: 02.08.2025]

DGUV Information 205-034. Einsatz von Kohlendioxid (CO_2)-Feuerlöschern in Räumen. Deutsche Gesetzliche Unfallversicherung e. V. (DGUV). Berlin, Oktober 2019

DGUV Information 213-052. Merkblatt A013. Beförderung gefährlicher Güter. Deutsche Gesetzliche Unfallversicherung e. V. (DGUV), Berlin, Oktober 2024 (Überarbeitung der Ausgabe 12/2021)

DGUV Vorschrift 1. Grundsätze der Prävention. Deutsche Gesetzliche Unfallversicherung e. V. (DGUV)., Berlin, November 2013

DGUV Vorschrift 3. Elektrische Anlagen und Betriebsmittel. Deutsche Gesetzliche Unfallversicherung e. V. (DGUV)., Berlin, 01.01.1997

DIN Media GmbH, Berlin. Internet: https://www.dinmedia.de [Zugriff: 06.08.2025]

Eckert, Christian: Transportvorschriften für Batterien – was gilt es zu beachten [online]. ZVEI e. V. Verband der Elektro- und Digitalindustrie, Frankfurt am Main, 08.09.2020. Internet: https://www.zvei.org/themen/transportvorschriften-fuer-batterien-was-gilt-es-zu-beachten#:~:text=Beim%20Transport%20von%20Batterien%20m%C3%BCssen%20deshalb%20verschiedene%20Regelungen,aus%20dem%20ADR%20und%20von%20der%20IATA%20zusammen gefasst [Zugriff: 02.08.2025]

Fachbereich Aktuell: Herstellung von Hochvoltspeichern (FBHM-123). DGUV Fachbereich Holz und Metall. Berlin, 04.09.2024

FM Global: Gefahren in Verbindung mit Lithium-Ionen-Akkus: Erstmalige Veröffentlichung umfassender Leitlinien durch FM [online]. Frankfurt am Main, 13.12.2024. Internet: https://www.fm.com/de/insights/lithium-ion-battery-hazards-fm-releases-first-ever-comprehensive-guidance [Zugriff: 02.08.2025]

Goudsblom, Johan: Die Entdeckung des Feuers. Frankfurt am Main: Suhrkamp Verlag, 1995

Heier, Peter-Christoph: Untersuchungen zur Rauch- und Wärmeableitung aus Gebäuden im Brandfall. Magdeburg, Technische Hochschule, Dissertation, 1985

Hoffmann, Detlef: Sicherheit von Lithium-Ionen-Batterien: Welche Gefahren gehen von ihnen aus und welches Risiko ist überhaupt vertretbar? In: Fahlbusch, Eckhard (Hrsg.): Batterien als Energiespeicher – Beispiele, Strategien, Lösungen. 1. Auflage. Berlin, Wien, Zürich: Beuth Verlag, 2015 (DIN Deutsches Institut für Normung e. V.), S. 265–292

IFS Institut für Schadenverhütung und Schadenforschung der öffentlichen Versicherer e. V., Kiel: Lithium-Ionen-Akkus [online]. Internet: https://www.ifs-ev.org/schadenverhuetung/feuerschaeden/lithium-ionen-akkus/ [Zugriff: 02.08.2025]

Jäde; Dirnberger; Bauer; Böhme; Radeisen; Thom; Spiekermann; Rauscher; Hauser: Bauordnungsrecht Sachsen. Kommentar mit ergänzenden Vorschriften. Digital. Rehm-Verlag: Stand Oktober 2024

Kaiser, Jörg: Li-Ionen-Technologie. In: Rothacher, Tobias; Schwarzburger, Heiko; Timke, Thomas: Stromspeicher für Gewerbe und Industrie – Technik, Auswahl und Auslegung. Berlin, Wien, Zürich: Beuth Verlag, 2018 (DIN Deutsches Institut für Normung e. V.), S. 33–72 (Kapitel 2)

Kunkelmann, Jörg: Untersuchung des Brandverhaltens von Lithium-Ionen- und Lithium-Metall-Batterien in verschiedenen Anwendungen und Ableitung einsatztaktischer Empfehlungen. IMK-Bericht 175. Karlsruher Institut für Technologie (KIT) Forschungsstelle für Brandschutztechnik. Karlsruhe, Dezember 2016

Marktstammdatenregister (MaStR) [online]. Bundesnetzagentur für Elektrizität, Gas, Telekommunikation, Post und Eisenbahnen. Internet: https://www.marktstammdatenregister.de/MaStR/ [Zugriff: 05.08.2025]

Neske, Michael; Kaufmann, Julia; Butscher, Daniel; Vogel, Christoph: Evaluierung von technischen Verfahren zur Löschmitteleinbringung in Hochvoltspeichern. Untersuchungen zum einsatztaktischen Mehrwert gegenüber anderen Löschtechniken und -taktiken. IMK-Bericht Nr. 210 und 216. Institut für Brand- und Katastrophenschutz (IBK). Heyrothsberge, April 2024

Röbisch, Karsten: Betriebsunterbrechungen sorgen für Schäden in Milliardenhöhe [online]. Berlin: GDV Gesamtverband der Deutschen Versicherungswirtschaft e. V., zuletzt aktualisiert am 04.10.2022. Internet: https://www.gdv.de/gdv/themen/schaden-unfall/betriebsunterbrechungen-sorgen-fuer-schaeden-in-milliardenhoehe-103972 [Zugriff: 02.08.2025]

Rothacher, Tobias; Schwarzburger, Heiko; Timke, Thomas: Stromspeicher für Gewerbe und Industrie – Technik, Auswahl und Auslegung. Berlin, Wien, Zürich: Beuth Verlag, 2018 (DIN Deutsches Institut für Normung e. V.)

Schmaltz, Thomas: Recycling von Lithium-Ionen-Batterien wird in Europa stark zunehmen [online]. Fraunhofer-Institut für System- und Innovationsforschung ISI, Karlsruhe, 19.01.2023. Internet: https://www.isi.fraunhofer.de/de/blog/themen/batterie-update/recycling-lithium-ionen-batterien-europa-starke-zunahme-2030-2040.html [Zugriff: 02.08.2025]

Schmöller, Marco: Ladeinfrastruktur für Elektroautos in Garagen. In: Tagungsband FeuerTrutz Brandschutzkongress 2024. Verlag RM Rudolf Müller Medien GmbH & Co. KG: Köln, 2024, S. 185–190

Schwarzburger, Heiko: Technische Grundlagen. In: Rothacher, Tobias; Schwarzburger, Heiko; Timke, Thomas: Stromspeicher für Gewerbe und Industrie – Technik, Auswahl und Auslegung. Berlin, Wien, Zürich: Beuth Verlag, 2018 (DIN Deutsches Institut für Normung e. V.), S. 1–32 (Kapitel 1)

SEKUR – Sichere Energiespeicherkonzepte im urbanen Raum (Forschungsprojekt), vfdb-Teilvorhaben „Vorsorge- und Gefahrenabwehrkonzepte für den sicheren Betrieb von Heimspeicheranlagen". Vereinigung zur Förderung des Deutschen Brandschutzes (vfdb), Institut für Feuerwehr- und Rettungstechnologie der Stadt Dortmund (Verbundkoordination), Fraunhofer-Institut für Chemische Technologie (Konsortialpartner). vfdb e. V., Münster. Internet: https://www.vfdb.de/forschung/laufende-projekte/sekur [Zugriff: 02.08.2025]

Sicherheitsingenieur.NRW: „Vermutungswirkung". Eintrag im Glossar [online]. Düsseldorf: Sicherheitsingenieur.NRW – Arbeits-, Anlagen-, Industrie-, Betriebs-, Umwelt- & Baustellensicherheit. Internet: https://sicherheitsingenieur.nrw/glossar/vermutungswirkung/ [Zugriff: 17.07.2025]

Stephan, Maximilian: Batterierecycling in Europa nimmt weiter Fahrt auf: Recycling-Kapazitäten von Lithium-Ionen-Batterien in Europa. Fraunhofer-Institut für System- und Innovationsforschung ISI, Karlsruhe, 07.08.2024. Internet: https://www.isi.fraunhofer.de/de/blog/themen/batterie-update/lithium-ionen-batterie-recycling-europa-kapazitaeten-update-2024.html [Zugriff: 02.08.2025]

Synopse mit Darstellung und Begründung der Änderungen gegenüber der Vorgängerfassung Januar 2009. Fachkommission Bauaufsicht der Bauministerkonferenz – Arbeitskreis TGA; 26.05.2021. Internet: www.is-argebau.de [Zugriff: 11.08.2025]

Timke, Thomas: Auswahl und Bewertung von Speichersystemen. In: In: Rothacher, Tobias; Schwarzburger, Heiko; Timke, Thomas: Stromspeicher für Gewerbe und Industrie – Technik, Auswahl und Auslegung. Berlin, Wien, Zürich: Beuth Verlag, 2018 (DIN Deutsches Institut für Normung e. V.), S. 154–185 (Kapitel 5)

TRbF 20. Technische Regeln für brennbare Flüssigkeiten. Läger. Ausgabe: April 2001. (Außer Kraft seit 01.01.2013). Berlin: Bundesanstalt für Arbeitsschutz und Arbeitsmedizin, Ausschuss für Gefahrstoffe (AGS), 2001

TRBS 3151 / TRGS 751. Technische Regel für Betriebssicherheit. Vermeidung von Brand-, Explosions- und Druckgefährdungen an Tankstellen und Gasfüllanlagen zur Befüllung von Landfahrzeugen. Ausgabe: Februar 2024. Berlin: Bundesanstalt für Arbeitsschutz und Arbeitsmedizin, Ausschuss für Gefahrstoffe (AGS), 2024

TRGS 510. Technische Regeln für Gefahrstoffe. Lagerung von

Gefahrstoffen in ortsbeweglichen Behältern. Ausgabe: 16.02.2021. Berlin: Bundesanstalt für Arbeitsschutz und Arbeitsmedizin, Ausschuss für Gefahrstoffe (AGS), 2021

VDE Verlag GmbH, Berlin. Internet: https://www.vde-verlag.de/ [Zugriff: 05.08.2025]

VDI 3819 Blatt 2:2013-07. Brandschutz in der Gebäudetechnik – Funktionen und Wechselwirkungen. Düsseldorf: Verein Deutscher Ingenieure, 2013

Verantwortung für Deutschland – Koalitionsvertrag zwischen CDU, CSU und SPD, 21. Legislaturperiode, 09.04.2025. Internet: https://www.koalitionsvertrag2025.de/ [Zugriff: 07.08.2025]

VdS 2517:2025-03. Sortierung, Aufbereitung und Lagerung von Siedlungsabfällen und brennbaren Sekundärrohstoffen – Hinweise für den Brandschutz. GDV Gesamtverband der Deutschen Versicherungswirtschaft e. V., Berlin. VdS Verlag: Köln, März 2025

VdS 2557:2023-03. Planung und Einbau von Löschwasser-Rückhalteeinrichtungen. GDV Gesamtverband der Deutschen Versicherungswirtschaft e. V. Berlin. VdS Verlag: Köln, März 2023

VdS 3885. Elektrofahrzeuge in geschlossenen Garagen – Sicherheitshinweise für die Wohnungswirtschaft. GDV Gesamtverband der Deutschen Versicherungswirtschaft e. V., Berlin, Dezember 2020

VdS VdS CEA 4001-TB-003: 2024-02 Lithium-Ionen-Batterien. Technisches Merkblatt. VdS Schadenverhütung GmbH, Köln, Februar 2024

vfdb – Vereinigung zur Förderung des Deutschen Brandschutzes e. V., Münster: Plattform Elektroenergiespeicher als (nicht abschließende) Datensammlung [online]. Internet: https://www.vfdb.de/plattform-elektroenergiespeicher [Zugriff: 02.08.2025]

vfdb – Vereinigung zur Förderung des Deutschen Brandschutzes e. V., Münster: Pressemitteilung vom 21.10.2021: Die Gefahr in der Mülltonne – Feuerwehren und Recyclingunternehmen warnen: Batterien gehören nicht in den Abfall! – Gemeinsamer Brief an die Bundesregierung [online]. Internet: https://www.vfdb.de/newsroom/presse/die-gefahr-in-der-muelltonne-feuerwehren-und-recyclingunternehmen-warnen-batterien-gehoeren-nicht-in-den-abfall-gemeinsamer-brief-an-die-bundesregierung [Zugriff: 02.08.2025]

vfdb-Merkblatt 06-12. Übergabeprotokoll Fahrzeuge. vfdb e. V. Münster, Februar 2023

vfdb-Merkblatt 10-17. Empfehlung für den Feuerwehreinsatz bei Gefahr durch Lithium-Zellen, Batterien und Akkumulatoren. vfdb e. V., Münster, September 2020

vfdb-Merkblatt TWB-02. Erkenntnisse zu Batteriespeicheranlagen mit Lithium-Ionen-Batterien. TWB / Ad-hoc-AG Erfahrungsaustausch@vfdb: Elektroenergiespeicher. Münster, Februar 2025

vfdb-Richtlinie 01/01. Brandschutzkonzept. vfdb e. V. Münster, 04-2008

Untersuchung von Sprinklerkonzepten zum Schutz von Lagersituationen mit Lithium-Ionen-Batterien. Version 1.3 vom 25.11.2015. VdS Schadenverhütung GmbH, Köln

Ursachenstatistik – Brandschäden 2023. IFS Institut für Schadenverhütung und Schadenforschung der öffentlichen Versicherer e. V., Kiel

Zehfuß, J.; Sander, L.: Brandverhalten von Elektrofahrzeugen. In: Braunschweiger Brandschutz-Tage 2020, 34. Fachtagung Brandschutz Forschung und Praxis, 16. und 17. September 2020, Tagungsband. Braunschweig: iBMB (Institut für Baustoffe, Massivbau und Brandschutz der TU Braunschweig), 2020, H. 239, S. 199–226

7.2 Stichwortverzeichnis